十三五"大学生人文素质教育"课

职业道德与法律基础
项目化教程

ZHIYE DAODE
YU FALü JICHU
XIANGMUHUA JIAOCHENG

主　审　　张建华
主　编　　张昭奎　马彦平
副主编　　张建平　杜传山
参　编　　邱宝强　沈宝峰　严孝珍　孙　梅
　　　　　邢希云　李　敏　王玉晴

山东人民出版社·济南

国家一级出版社　全国百佳图书出版单位

图书在版编目（CIP）数据

职业道德与法律基础项目化教程/张昭奎,马彦平
主编. —— 济南:山东人民出版社,2018.8（2020.9重印）
　ISBN 978-7-209-09262-3

　　Ⅰ.①职… Ⅱ.①张… ②马… Ⅲ.①职业道德－高
等职业教育－教材　②法律－中国－高等职业教育－教材
Ⅳ.①B822.9　②D92

中国版本图书馆CIP数据核字(2018)第208373号

职业道德与法律基础项目化教程

张昭奎　马彦平　主编

主管单位　山东出版传媒股份有限公司
出版发行　山东人民出版社
出 版 人　胡长青
社　　址　济南市英雄山路165号
邮　　编　250002
电　　话　总编室（0531）82098914
　　　　　市场部（0531）82098027
网　　址　http://www.sd-book.com.cn
印　　装　山东华立印务有限公司
经　　销　新华书店

规　　格　16开（169mm×239mm）
印　　张　10.5
字　　数　150千字
版　　次　2018年8月第1版
印　　次　2020年9月第3次
ISBN 978-7-209-09262-3
定　　价　28.00元
　　　　　　如有印装质量问题，请与出版社总编室联系调换。

前　言

　　青少年是国家的未来、民族的希望。思想道德建设对培养青少年特别是未成年人形成正确的政治倾向、理想信仰、思想观念、道德情操和行为习惯具有重要作用。加强青少年思想道德建设，是培养高素质劳动者和高技能人才的首要任务。为了全面贯彻落实《中共中央、国务院关于进一步加强和改进未成年人思想道德建设的若干意见》和《国务院关于加快发展现代职业教育的决定》精神，进一步增强德育教育的针对性、实效性和时代感，提高职业教育质量，我们编写了《职业道德与法律基础项目化教程》这本教材。

　　当前，我国已经进入全面建成小康社会、加快推进社会主义现代化建设的关键时期。面对社会复杂而深刻的变化，加强青少年学生的思想道德教育始终是党和国家十分关注的重大问题。根据党的十九大精神和《关于加强和改进中等职业学校学生思想道德教育的意见》的要求，本教材坚持以学生为主体、以课程为载体、以育人为目标的指导思想，本教材具有以下几个方面的特点：

　　第一，坚持社会主义核心价值观。教材坚持把马克思主义的基本观点、中国特色社会主义理论体系、社会主义核心价值观和中华民族精神等有机地贯彻在教学内容之中。积极贯彻党的十九大精神，充分反映我国在社会经济发展和思想文化建设中取得的新成果，引导学生掌握正确的价值标准和是非观念，形成科学的世界观和人生观。

　　第二，坚持贴近实际、贴近生活、贴近学生的原则。教材遵循思想道德教育的普遍规律，依据中职学生身心成长的特点，从学生的思想实际和生活实际出发，从学生身边的事情入手，在教学目标设定、教学内容安排、教学过程组织、学生能力培养等方面进一步改革与创新，改变了传统教材过于理论化、学科化、成人化的不足，做到了深入浅出、寓教于乐，具有较强的时代感和吸引力。

第三，注重发挥学生在学习中的主体作用。教材注重学生的自主体验和探究，按照"做、学、教、赛"四位一体的教学方法，加强了教学活动与学生生活、职业活动、社会现象的联系，创设了学生体验、感悟、实践的载体，有利于在教学过程中激发学生学习的主动性和积极性，有效发挥教育的引导作用，培养学生的综合职业能力。

第四，积极追求职业教育德育课程的自身特色。教材较好地把握了职业教育培养目标的要求，从学生在校学习期间不同阶段的德育需求出发建构教学内容；教材注重体现职教课程的"实际、实用、实践"特色，以现实的社会生活、职业活动和价值观念作为学习和探究的领域，启发学生从适应自我发展出发，转向适应社会生活，进而适应职业活动。

本教材在学院王洪龄院长的组织领导下编写，马克思主义学院张建华具体策划指导，由张昭奎、马彦平担任本书主编，张建平、杜传山担任副主编。具体分工如下：项目一、项目二，张昭奎、张建平、邱宝强；项目三，马彦平、沈宝峰；项目四，严孝珍、孙梅；项目五，杜传山、李敏；项目六，邢希云、王玉晴。

在编写过程中，我们参考了国内外大量的相关材料，在此向原作者表示衷心的感谢！由于编写人员水平有限，本教材缺点和不足在所难免，恳请各位专家、学者给予批评指正。

2018 年 6 月

目 录
CONTENTS

项目一　职业道德与人生

📱 项目概述

　　通过本项目的学习，我们主要是了解职业，学习职业道德，了解职业的人生功能，帮助同学们做好职业规划。

📱 学习目标

▶能力目标

能运用职业道德规范、指导职业行为。

▶知识目标

掌握职业、职业道德以及职业道德的基本特征、基本内容及要求，认识道德在职业生活中的作用，从而培育高尚的职业精神，为学生由校园走向社会打下良好的基础。

▶素质目标

提高职业道德水平，促进职业精神的形成，逐步将职业规范转化为潜在意识，培养职业情感，继而形成良好的职业习惯。

任务一　职业道德的内涵

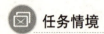 **任务情境**

| 案例一 |

生命的最后一分钟

　　大连市公汽联营公司 702 路 422 号双层巴士司机黄志全，在行车途中突然心脏病发作，在生命的最后一分钟里，他做了三件事：将车缓缓地停在路边，并用生命的最后力气拉下了手动刹车闸；把车门打开，让乘客安全地下了车；将发动机熄火，确保了车和乘客的安全。他做完这三件事后，就趴在方向盘上停止了呼吸。黄志全只是一名普通的司机，他在生命的最后一分钟里所做的一切也许并不惊天动地，却让许多人牢牢地记住了他的名字。

| 案例二 |

　　英国航空公司所属波音 747 客机 008 号班机，准备从英国伦敦飞往日本东京时，因故障推迟 20 小时。为了不耽误乘客的行程，航空公司及时帮助乘客换乘其他公司的班机。当时有 190 名乘客接受了公司的安排，唯独有 1 名日本老太太不肯换乘其他班机，坚决要乘 008 号班机。008 号班机只好照旧到达东京后再飞回伦敦，航程达 13000 千米，这次飞行至少损失 10 万美元。

　　1. 分组讨论，在案例一中，为什么一名普通的公交司机能在生命的最后一分钟里彰显出如此高尚的职业道德境界？

　　2. 擂台赛：

　　要求：以小组为单位，分正方和反方，辩一辩在案例二中，航空公司的做法值得吗？你们怎样看待这个问题？

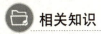

任务分析

普通的人，可以成为惊天动地的英雄；平凡的人，可以做出不平凡的事情。那辆缓缓停靠的公交车，那位顶天立地的司机，那短短的一分钟，却深深地感动了我们，感动了全中国。

英国航空公司的做法，从表面上看，的确是个不小的损失。可是，从深层次来理解，英国航空公司的收获是无法估量的。正是由于英国航空公司公关人员的努力，英国航空公司在世界各国来去匆匆的顾客心目中树立了忠于职业信誉的良好形象。

相关知识

一、职业道德是一种行为准则

职业道德，是指从事一定职业的人在职业生活中应当遵循的具有职业特征的道德要求和行为准则，涵盖了从业人员与服务对象、职业与职工、职业与职业之间的关系。爱岗敬业、诚实守信、办事公道、服务群众和奉献社会是职业生活中的基本道德规范。

职业道德规定人们在工作中应该做什么、不应该做什么。更重要的是，职业道德倡导人们应该如何将工作做到最好，同时给人们的职业活动划定了一条不能突破的底线。

案例讨论

"海因茨难题"的故事是这样的：欧洲某地一名女性——海太太，因罹患重症，医师诊断后认为只有一种新制药物能够治疗她的病。海先生奔赴药店时，店主将成本仅为 200 美元的药提高到 2000 美元。海先生因妻子久病已用尽所有积蓄，向亲友借钱也仅凑得 1000 美元。他恳求店主允许他先付此数取药回去救他妻子一命，余款保证稍后补足。店主拒绝，并称卖药的目的只求赚钱，不考虑其他问题。海太太性命危在旦夕，海先生走投无路，就在当天夜间，他撬开药店窗户偷得药物，救了妻子一命。

分组讨论：

1. 你如何看待这个故事中店主的行为？

2. 你如何看待海先生偷药救妻的行为？

二、职业道德的基本特征

职业道德具有行业性、养成性、自律他律结合性等基本特征。

1. 行业性

职业道德是所有职业必须遵循的行为准则，如全心全意为人民服务，掌握技术、通晓业务，忠于职守、献身事业。但它更多的是在具体的职业活动中所形成的带有行业特点的行为准则，如"不做假账"适用于会计领域，"为人师表"适用于教育领域，"救死扶伤"适用于医疗领域，等等。

职业道德的行业性主要表现为：以约束本行业从业人员的职业行为为主，对其他行业不具有约束力。职业道德的行业性特征鲜明地表达了本行业的职业义务，如军人必须无条件服从命令，记者要忠于事实，教师应热爱学生、诲人不倦。

2. 养成性

职业道德不是自发产生的。一个人如果要成为一个职业道德高尚的从业者，就需要经过一个从认识职业道德规则到养成职业道德行为习惯和职业道德信念的过程。比如，一个商人要真正做到"货真价实，童叟无欺"，首先要知晓这个规则的重要意义。但仅仅知晓还不够，因为在经营过程中往往会遇到同行竞争、成本上升、顾客挑剔、利益诱惑等各种情况。这时，就需要商人设置道德良心的底线并具备恪守规则的意志，才能坚持做到"货真价实，童叟无欺"，并形成内心的道德信念。

3. 自律他律结合性

职业道德得到从业人员内心的认同、敬畏和尊崇，从业人员自觉依据职业道德对自身利益和欲望加以节制，这就是职业道德的自律性。

职业道德对从业人员的职业行为有引导、规范和约束作用，从业人员如果违反了职业道德，就会受到同行乃至社会的谴责，甚至会因此而失去相应的从业资格。这就是职业道德的他律性。

正如德国伟大哲学家康德的墓志铭所说：这个世界上唯有两样东西能让我们的心灵感到深深的震撼，一是我们头顶上灿烂的星空，一是我们内心尊崇的道德法则！

案例讨论

美国摩托罗拉公司的报账程序非常简单。员工在年初做好预算，此后发生的票据只要自己填好，无须主管审核签字，直接放到财务部门专设的一个箱子里。财务部门下一个月就会把钱汇入员工的账户上。

公司每年会有两次财务审计，如果发现员工有多报行为，哪怕是多报了一分钱，也会立即按章办事——辞退违规人员。

分组讨论：

摩托罗拉公司报账程序的道德内涵是什么？

三、职业道德的作用

1. 调节利益

利益调节作用是职业道德最重要的社会作用，同时也是最基本的作用。在社会生活中，各种利益关系大多通过职业关系体现出来，而且各种利益关系经常会发生冲突。这时，如果从业人员为了自身的生存和发展而选择有利于自我的职业行为，那么职业之间就会产生利益冲突，而这种冲突的结果必定导致各方利益共同受损。在这种情况下，职业道德就是让大家做到必要的节制和牺牲，从而保证职业体系的良好运行和发展。

2. 培养职业信誉

企业的信誉，即企业的形象和信用，是指企业及其产品与服务在社会公众中被信任的程度。提高企业的信誉主要靠提高其所提供的产品和服务的质量来实现，而其所提供的产品和服务的质量又与企业员工的职业道德水平密切相关。人们在职业活动中的道德状况如何，直接关系着各行各业乃至整个社会的道德状况。青年学生要深刻认识职业道德素质培养的重要性，注重这方面的修养和锻炼。

3. 提高社会道德水平

职业道德是整个社会道德体系的主要内容。一方面，职业道德涉及每个从业者如何对待职业、如何对待工作，具有较强的稳定性和连续性；另一方面，职业道德决定着一个职业集体，甚至一个行业全体人员的行为表现。如果每个行业、每个职业集体都具备优良的职业道德，那么整个社会的道德水平就会随之提高。比如，时传祥"宁肯一人脏，换来万家净"的精神，不但提升了整个环卫系统的职业道德水平，还带动了一个时代的敬业热潮，使得"工人伟大、劳动光荣"被社会广泛认可。

4. 践行社会主义核心价值观

职业道德既是对从业人员在职业活动中行为的要求，同时又是社会主流价值观在职业活动中的具体体现。

党的十八大提出要倡导"富强、民主、文明、和谐"，倡导"自由、平等、公正、法治"，倡导"爱国、敬业、诚信、友善"，积极培育和践行社会主义核心价值观。这是当代中国人民共同的价值取向，体现在社会主义道德体系和社会生活的方方面面，日益被广大人民群众在日常生活实践中认知、认同，并自觉转化为内在的信念和外在的行为。如果每个从业者都能在职业活动中遵循职业道德，都能从我做起、从今天做起、从点滴做起，就能自觉践行这种共同的价值追求，就能把这种共同的价值追求内化为自己的行为指南。由此，我们的国家和民族就会产生强大的凝聚力，中华民族伟大复兴中国梦的实现也就有了可靠的精神保证。

党的十九大报告明确提出，培育和践行社会主义核心价值观，"要以培养担当民族复兴大任的时代新人为着眼点，强化教育引导、实践养成、制度保障，发挥社会主义核心价值观对国民教育、精神文明创建、精神文化产品创作生产传播的引领作用，把社会主义核心价值观融入社会发展各方面，转化为人们的情感认同和行为习惯"。这一论述，对培育和践行社会主义核心价值观的根本任务、出发点和落脚点提出了更加明确的要求。民族复兴的大任，即承前启后、继往开来、在新的历史条件下夺取中国特色社会主义的伟大胜利，即决胜全面建成小康社会、进而全面建设社会主义现代化强国，即团结奋斗、不断创造美好生活、逐步实现全体人民共同富裕，即推动我国更加走近世界舞台中央、不断为人类做出更大贡献。能够担当民族复兴大任的时代新人，需要有处于时代前沿的知识准备、能力训练，需要有不可移易的家国情怀和创造锐气。我们要以培养担当民族复兴大任的时代新人为着眼点，将核心价值观融入培养时代新人的各个方面。

案例讨论

2013年12月，中共中央办公厅发布《关于培育和践行社会主义核心价值观的意见》。其中明确指出：农村、企业、社区、机关、学校等基层单位要重视社会主义核心价值观的培育和践行，使之融入基层党组织建设、基层政权建设中，融入城乡居民自治中，融入人们生产生活和工作学习中，努力实现全覆盖，推动社会主义核心价值观不断转化为社会群体意识和人们自觉行动。充分发挥工人、农民、知识分子的主力军作用，发挥党员、干部的模范带头作用，发挥青少年的生力军作用，发挥社会公众人物的示范作用，发挥非公有制经济组织和新社会组织从业人员的积极作用，形成人人践行社会主义核心价值观的生动景象。

分组讨论：

作为未来的产业工人、现在的青年学生，请谈谈怎样培育和践行社会主义核心价值观？

四、自觉遵守职业道德

我们要深刻认识到提高职业道德素质的重要性，注重这方面的修养和锻炼。

1. 学习职业道德规范

青年学生要通过学习职业道德规范，明确职业活动的基本规范和目的，从而提高自己的职业认知能力、判断能力，树立正确的价值观念。青年学生要学习的职业道德知识是多方面的，既包括一般的职业道德知识，也包括特定行业的职业道德知识，应当将职业道德修养纳入学习成才的规划中，有计划、有目的地学习，为今后走上工作岗位打下良好的基础。

2. 提高职业道德意识

青年学生要提高职业道德意识，并将其内化为自身的素质，提高到自觉意识的层面。对于即将进入职业领域的青年学生，应当以职业道德模范为榜样，培养积极进取、甘于奉献、服务社会的良好职业道德意识。

3. 提高践行职业道德的能力

青年学生应当积极利用各种机会开展社会实践，多参与社会志愿服务活动，从而使自己学到的知识在服务社会的过程中得到运用和升华。

💬 拓展训练与测评

一、阅读下面的案例，并回答问题。

| 案例一 |

1967 年 1 月 27 日，美国阿波罗 1 号登月飞船在发射架上进行模拟演练时，通话器突然传来密封舱内航天员的呼救："着火了！快放我们出去！"待几分钟后救援人员跑去打开舱门时，飞船里的 3 名航天员已全部罹难。

1967 年 4 月 23 日，苏联宇航员弗拉基米尔·M. 科马洛夫上校乘坐联盟 1 号飞船进入太空后，飞船屡次出现故障，几经努力难以修复，在返回地面时飞船降落伞又出意外，无法打开，致使飞船以每秒 100 多米的速度冲向地面，科马洛夫当场死亡。

两次事故，损失惨重，但这些事故本可以避免。细节的疏漏导致飞船舱门和降落伞无法及时打开，灾难瞬间发生，无法挽回。

中国的"神舟"飞船也面临这样的"细节"，但中国的"神舟"飞船舱门无论是从里面还是从外面，不超过3秒钟就能迅速打开。中国的"神舟"飞船降落伞从来没有出现过任何故障，从杨利伟开始，中国的宇航员没有出现过任何差错。这些都源自对"细节"的处理。

在航天工程中，有无数的细节，我们仅以舱门和降落伞为例进行说明。

生之大门因为一个小小的细节而洞开。但是这个门可能有几百上千种洞开的方案和样式，你必须凭借能力和智慧选出最佳的一种。

这个门如果宽一点，航天员逃生可能更为顺利，但也有可能导致密封不严而产生隐患；这个门因为密封很好而让人放心，但也有可能因为过于密封而导致开启困难。这个时候就必须权衡利弊，做出趋利避害的选择。

而选择的智慧不是天生的，它来自持之以恒的反复实践，来自对所承担责任的高度敬畏，来自对航天事业的无比忠诚。

"神舟"飞船的降落伞是目前世界上正在使用的降落伞中最大的一种。它展开时有1200平方米，它的每一个针脚都要求一致、细密。为了保持一致性，在降落伞的制作过程中，有的工作必须由一个人从头做到尾。据说，一名缝纫女工一年只能缝一个这样的降落伞。

降落伞对于航天员的生命是至关重要的。大沙漠试验场上，伊尔76大型运输机从1万米高空把模拟返回舱抛下。主伞先开一个小口，然后慢慢地全部撑开，此时五彩缤纷的主伞铺开在蓝天上，返回舱悠悠然地向下飘落。在落地的刹那，返回舱上的切割器"咔嚓"一声切断伞绳吊带，1200平方米的降落伞如一片彩云随风而起。

如此情景反复试验了70多次，但科学家们还是不放心，特意配备了两名训练有素、力大无比的"大刀手"，一旦伞绳不能自动切断，"大刀手"就要冲上前去飞刀断绳。

如果返回舱落在水里，伞舱正好位于航天员头部的上方，水就会涌进伞舱里，使返回舱沉没。设计师妙思解难，研制出一种特殊的排水装置。伞舱底部安装了一个气囊，返回舱落水时气囊就会自动充气，膨胀成一个体积为 150 立方米的大气包，不仅能把水挤出伞舱，还能 24 小时充当浮筏，让返回舱漂浮起来。

一个细节和一个细节之间如连环锁一样紧紧相扣，它托起的是航天员的生命，保障的是整个载人航天工程的最后成功。

2003 年 10 月 15 日上午 9 时整，"神舟五号"成功发射，我国从此成为世界上第三个有能力依靠自己的力量将航天员送入太空的国家，一个古老民族延续了几千年的飞天梦想，经过举国上下千万人才近半个世纪的不懈努力，终得实现。

1. 阅读上述文字后查阅相关资料，尽可能多地列出"神舟五号"所涉及的职业。

2. 分析这些职业之间的关系，并举出实例说明职业道德在其中所发挥的作用。

二、阅读案例，并思考案例后面的问题。

| 案例二 |

家属不签字，医生可以做手术吗？

在医患关系复杂的今天，我们都以为医生面对这个问题会犯难。不手术，不违法，却会违背自己的良心；手术，有可能违法，还有可能会惹上官司。

然而 2018 年 1 月 4 日下午，江苏南京鼓楼医院的一位医生，在面临这个难题时，毫不犹豫地选择了做手术，他说："所有责任我来承担，救一条命总比害怕担责任要强。"

老人昏迷不醒，路过的下班医生伸出援手

1 月 4 日下午 2 点 35 分，南京初雪，63 岁的刘老先生独自去鼓楼医院就医，不想还没走到医院，就在医院门口的雪地里摔了一跤，不省人事。老人倒下后，路过的好心市民帮忙着打着伞，拨打了 120。

碰巧鼓楼医院内科主治医生王轶下夜班准备坐地铁回家，他第一时间伸出援手，但是几轮心脏按压后，老人都没有反应，情况危急。

"手的脉搏是摸不到的，又摸了颈动脉的搏动，也是消失的，当时判断已经是呼吸心跳骤停。"王轶说。

医护人员争分夺秒，接力抢救

呼吸、心跳骤停必须在黄金 4 分钟内实施心肺复苏，而此时老先生的嘴里还有很多呕吐物。"嘴唇发绀，大量食物堵在嘴里，必须将他侧过来。"王轶和一名黑衣女子分工合作，为老人实施心脏复苏。

2 点 44 分，鼓楼医院的医护人员得到消息，推着平板车跑来支援。

2 点 45 分，接到病人的医护人员推着平板车飞奔回医院。

王轶医生和同事在地铁附近抢救刘老先生的一幕，被很多路人发到朋友圈，在冬日里温暖了许多人的心，但此时温暖才刚刚开始传递。

经过十几分钟的急救，老人恢复自主心跳。

排查心电图提示老人心肌梗死，心脏科医生建议立即进行急诊导管手术治疗。导管手术治疗，需要本人或家属签字才可以进行。

护士们在整理老人衣物的时候发现了老人的一部手机，显示一个电话打了 20 多次，回拨过去是老人的老伴。医护人员通过老人的手机联系上了他的家属，但是他们表示还要一个多小时才能赶到医院。

如果等家属赶到再做手术，老人很可能会再次猝死，随着脑损伤的发生，以后也可能会成为植物人。

医生决定自己承担全责，立即手术！

负责手术的急诊室医护人员正束手无策时，急诊科主任王军说："他的所有责任由我来承担，你们去救吧。"

王军说："如果等的话，对将来的愈后会带来很大的麻烦，血液重建越早，将来越有机会康复。我写了'请安排手术'之后，他的所有责任由我来承担，你们去救吧。因为这个是违背医疗常规的，正常一定要家属签字或者本人签字。"

3点多，刘老先生被送到心脏介入手术室，手术中发现患者右冠脉主干近段完全闭塞，随即放入支架恢复血流。

下午4点多，由于下着大雪，刘老先生的家属终于赶到医院的时候，手术已经接近尾声，手术很成功。

"打车也打不到，自己家的车子也开不过来。中途还有医生打电话跟我们说，让我们不要着急，已经帮我们抢救了。"刘老先生的女儿说。

王军医生说在救人和担责面前，他永远会选择救人，但前提是家属的信任。"这个是违背医疗常规的，正常的一定要家属签字或者本人签字，所有的签字都是术后补的。当时的签字是我签的，如果我不签这个字，不让他做这个手术，可能病人就没了。我跟心脏科医生打了个招呼，所有的责任我来承担，救一条命总比害怕担责任强。"

手术前，王军问刘老先生的老伴，愿不愿意给老人做急救手术，老太太说"尽管救"。家属的信任和医生的敬业，反映了医患关系的暖心一面。

刘老先生的家属连连感叹父亲的幸运和医生的敬业："特别感激医生。如果等我们来了，老爷子肯定没有啦，特别感谢鼓楼医院的医生。"

由于王轶医生的及时抢救，为老人的入院抢救打好了基础，又有医护人员全程按压，再加上王军医生担全责及时手术，老人已经转危为安。

刘老先生无疑是幸运的，因为他遇见了将病人的生命和健康放在首位的医生。而在现实生活中，很多大夫碰到这样的情况，未必有王军的勇气。

2017年12月14日起施行的《最高人民法院关于审理医疗损害责任纠纷案件适用法律若干问题的解释》，就对实践中患者生命垂危，近亲属不明，或者不能及时联系到近亲属，近亲属拒绝发表意见或者达不成一致意见的情形，鼓励医生积极施救。

该解释规定，医务人员经医疗机构负责人或者授权的负责人批准立即实施相应的医疗措施，患者如果事后因此请求医疗机构承担赔偿责任的，人民法院不予支持。当然，如果医疗机构及医务人员怠于实施相应的医疗措施，造成损害的，如果患者请求承担赔偿责任的，人民法院应予支持。这样不仅有利于规范医疗机构行为，也有利于保障生命垂危等紧急情况下患者得到及时救治，维护其生命、健康权益。

　　1. 如果你是接诊医生，你打算怎么处理？

　　2. 讨论一下，有法律做后盾，未来是否会有更多的医生有勇气去为患者的生命担责？

任务二 职业规划

任务情境

1978 年以前，高凤林从来没有想到自己会成为一名焊工。高考落榜后，他考入了原航天工业部第一研究院下属的 211 厂技工学校，被分配到焊接班，他失落透顶。这时，他连焊接是什么都不知道。直到有一天，授课的工程师带着火箭模型告诉他们："焊接这门技术，入门容易、精通难。如果有一天，你们当中的哪一位能成为火箭发动机的焊工，那就是我们当中的英雄了！"工程师的话给了高凤林很大的震撼。

两年后毕业实习的时候，高凤林就被破格调到专门制造火箭心脏的发动机车间工作，这令大家非常惊讶。原来在第一次焊接实习时，高凤林在笔记本上不仅记下了操作规程，还记下了自己操作时的心理变化以及师傅和同学们的操作特点，最后是三个大大的字：稳、准、匀。非常巧合的是，这个过程被发动机车间主任看到了。

1983 年，"长征三号"火箭发动机燃烧室的研制工作进入最后组装阶段时出现了问题。发动机是飞行器的核心，而燃烧室又是发动机的核心，燃烧室尾部喷管由于结构复杂且采用了特殊的金属材料而造成焊接困难。试验表明，由于焊接焊缝比较脆，难以承受设计的压力，极易造成冲压断裂。对于发动机的燃烧室来说，这是致命的。高凤林分析，师傅们的操作技术没有问题，问题应该出在材料内部的应力上。这种应力可能是传统焊接技术难以克服的，若从改善材料或焊接应力入手，也许可以解决问题。经过反复试验，高凤林成功解决了这一难题——为此，他立了三等功。这一年，他 21 岁。年轻的高凤林就这样迎来了他职业生涯中的第一次辉煌。

此后，高凤林接连在火箭发动机焊接领域攻坚克难，甚至突破理论禁区，解决了一系列国际级的焊接难题。

我国火箭的成功研制离不开众多院士、教授、高级工程师，但作为一名焊工，高凤林的贡献同样功不可没——他被授予特级技师职衔。在我国人才评价体系里，工人的最高职称是高级技师。原航天工业总公司认识到了高凤林的价值，特别授予他这个头衔，这也是高凤林本人最珍爱的头衔。"神舟五号"发射成功后，他接受中央电视台的专访，说了一句意味深长的话："一个人只要明白了自己工作的意义，不管是在台前还是幕后，他都能获得属于自己的职业成功。"

请结合上文讨论：

1. 高凤林最初的理想可能是什么？后来，高凤林获得了职业成功，你如何看待他的成功？

2. 作为和高凤林一样的技校学生，我们以后是否也能和高凤林一样热爱自己所学的专业，并相信自己一定能够成功呢？

🔍 任务分析

梁启超说："人生在世，是要天天劳作的。因自己的才能、境地，做一种劳作做到圆满，便是天地间第一等人。"这里的"劳作"，就是我们现在所说的"职业"。对年轻人而言，职业选择是否适当，可能影响其将来事业的成败以及一生的幸福；对社会而言，个人择业是否适当，可能影响社会人力供需是否平衡。如果每个人都适才适所，那么，不仅每个人都有发展的前途，而且社会也会欣欣向荣；相反，则个人贫困，社会问题丛生。因为职业选择对一个人乃至整个社会都有很大的关系，因此，学校应极为重视对于青年人未来职业生涯的认识、规划、准备和发展，对他们进行生涯教育。

📁 相关知识

一、确立职业理想

职业理想是指人们对未来所进入的行业领域、从事的工作种类以及在工作中所能获得成就的一种向往和追求。

职业理想的确立是一个动态、复杂的过程，与很多因素有关。为此，我们需要了解职业理想确立的方法和要素。

1. 追求高品位的职业生活

职业活动是个人生活中非常重要的部分，因此可以将职业活动称为职业生活。高品位的职业生活是指一个人将职业活动视为发展自己、服务社会、创造价值的途径和方式。追求高品位职业生活的人，能够比较好地确立远大的职业目标，正确把握生活和工作的关系，在职业活动中能够超脱个人眼前利益的羁绊，达到进退有序、举止从容、得失坦然的境界，做职业活动的主人，在职业活动中享受生活。

高品位的职业生活主要与职业认同度、职业胜任度和职业满意度等要素有关。

（1）职业认同度

职业认同度是指个人对职业的肯定程度。职业认同度越高，个人对职业的接受和热爱程度就越高，从事职业活动的态度就越积极；职业认同度越低，个人与职业的矛盾就越突出，参与职业活动的热情就越低，态度就越消极，甚至会厌倦职业生活。因此，职业认同度在一定程度上反映了个人职业生活的幸福程度。

（2）职业胜任度

职业胜任度是指个人的职业能力对职业活动的承受程度。一个人如果能够对职业活动得心应手、应对自如，就会对工作产生成就感和快乐感；反之，如果不能胜任工作，就会感到力不从心、心力交瘁。当一个人的职业胜任度不高的时候，通常有三种选择：一是维持现状，得过且过；二是发愤图强，提升素质；三是转换职业，重新选择。三种选择中不管哪一种，都有一个自我蜕变的过程，需要审时度势、从长计议，这样才有利于个人职业生涯的整体发展。

（3）职业满意度

职业满意度是指个人对职业活动和职业环境的积极评价。职业满意度和个人的职业价值取向密切相关：一个人若想得到高薪，就会以此来评判自己的工作和收入的关系；而一个人若想从工作中得到个人价值的体现，就不会计较薪水的高低，反倒会对工作的社会需要程度特别看重。职业满意度因人而异，但有一点是共同的，就是符合自己期望的职业，会给人以比较高的满意度，反之，满意度就低。

案例讨论

比尔·盖茨上小学时便对计算机产生了浓厚的兴趣，13 岁就开始学习计算机编程，并预言自己 25 岁时将成为百万富翁。1973 年，他和一个叫科莱特的小伙子同时考进哈佛大学，并成为好朋友。大学三年级的时候，比尔·盖茨决定退学创业。他邀请科莱特加盟，但科莱特表示自己的学识还不够，要继续求学。十年后，比尔·盖茨成为世界第二富商，科莱特也获得了哈佛大学计算机专业的博士学位。

现在，人们经常将他俩放在一起比较，有人崇拜比尔·盖茨，认为科莱特缺乏创业精神；但也有人认为比尔·盖茨从哈佛退学是个美丽的错误，因为 32 年后，他又回到学校接受哈佛颁发的荣誉学位证书，并对媒体表示："我珍惜我的大学时代，而且在许多方面，我后悔离开学校。"

请结合上文分组讨论：

对比尔·盖茨和科莱特当年的选择，你怎么看？

---

2. 正确进行职业定向

所谓职业定向，是指对职业方向的确定，即决定自己将来从事什么样的职业活动。在这个过程中要考虑三个要素：个人的职业兴趣、社会需要和发展趋势、职业选择的环境和背景。

（1）个人的职业兴趣

职业兴趣是指一个人积极地认识、接触和掌握某种职业的心理倾向。职业兴趣对个人的职业活动具有重要影响。

第一，职业兴趣会引导人们关注或喜欢某种职业，然后接受并胜任这种职业。第二，职业兴趣不仅可以使人的智力和技能得到充分发挥，而且能激发人们的潜能，使人们在职业活动中情绪高涨，大胆探索，富有创造性。第三，研究表明，一个人如果从事感兴趣的工作，就能发挥其全部才能的 80%～90%，并且能长时间保持高效率而不感到疲倦，反之，如果从事不感兴趣的工作，则只能发挥其才能的 20%～30%，不但效率难以提高，而且容易厌倦、疲劳。第四，一个人如果具有多方面的职业兴趣，那么当需要转换工作岗位时，就能很快进入角色，适应新的环境，胜任新的工作。

(2) 社会需要和发展趋势

社会需要和发展趋势是指在一个历史阶段，社会对职业的需求程度和变化趋势。举个例子来说，20 世纪 90 年代初，和计算机相关的职业是社会急需的，凡是能进入 IT 业的都被认为是精英，这个行业几乎所有的职业岗位都和高科技、高待遇、高声望相关。但随着计算机的日益普及，大量的计算机人才从各级各类学校毕业，其相关职业人才就出现了供过于求的状况。同样的情况也出现在财会、法律等职业中。进行职业定向时，如果只看到当时社会的需要，看不到职业发展的社会趋势，我们在未来的职业生活中就可能处于被动的地位。

(3) 职业选择的环境和背景

职业选择的环境和背景是指确立职业理想时，需要考虑到自身可利用的资源和条件优势。计划经济时代，个人的就业需要服从国家的安排，而市场经济时代，个人的就业有很大的自主空间。这就是职业选择的大环境——国家政策。2009 年，国家鼓励大学生到农村去做驻村干部，并给出了许多优惠政策。对于立志从政的学生来说，这正是一个他们从基层锻炼提高的好机会。国家鼓励高技能人才脱颖而出，这就造就了李斌、高凤林、唐建平、许振超等一大批高技能人才楷模。个人在进行职业定向时，如果能把握国家的就业政策，充分利用国家提供的大舞台，就能够将个人的成长、职业生活的幸福和国家利益紧密地结合在一起。

职业选择的小环境因人而异，比如借助所在地区的经济特色和未来走向寻求发展；比如凭借个人的职业能力，分析究竟有哪些企业可以选择；比如不得已来到一家小企业却被重用；比如从事了一项临时性的工作却对其产生了兴趣，等等。这些都会影响到最终的职业取向和职业理想的确立。

案例讨论

法国有一家报纸曾出过这样一道有奖智力竞赛题："如果罗浮宫发生火灾，情急之下只允许你抢救出一幅画，你会抢救哪一幅呢？最昂贵的、最有名气的，还是你有更为新奇的想法？"

结合上文分组讨论：

假如你是一位参赛者，你的答案是什么？为什么选这个答案？这道竞赛题的回答过程对我们确立职业理想有什么启发？

3. 将个人理想融入中华民族伟大复兴的中国梦

每个人都有自己的理想，每一个国家也都有自己的追求。国家的追求实际上就是这个国家的人民共同的理想。全面建成小康社会，建设富强、民主、文明、和谐、美丽的社会主义现代化强国，实现中华民族伟大复兴的中国梦，就是中国人民当前的共同理想。

周恩来少年时，老师曾问他："你为什么而读书？"周恩来说："为中华之崛起而读书！"改革开放之初，美国《时代》周刊将邓小平评为年度人物，其开篇标题就是《中国的梦想家》。40 年后世界之所以还对"梦想家"怀有敬意，正是因为我们靠实干把一个处在经济崩溃边缘的国家推上了健康发展的轨道，靠实干改变了占世界四分之一人口的命运，靠实干让国家富强、民族振兴、人民幸福的梦想日益接近。习近平则指出，实现中华民族伟大复兴，就是中华民族近代以来最伟大的梦想。这个梦想，凝聚了几代中国人的夙愿，体现了中华民族和中国人民的整体利益，是每一个中华儿女的共同期盼。历史告诉我们，每个人的前途命运都与国家和民族的前途命运紧密相连。国家好，民族好，大家才会好。实现中华民族伟大复兴是一项光荣而艰巨的事业，需要一代又一代中国人共同为之努力。

因此，将个人的理想融入中国梦，既是国家的要求，也是自我发展的需要。将个人的理想融入中国梦，要求我们在确立自己的职业理想时，要以国家的梦想为基础，以民族的复兴为目标，这样才能志存高远，使我们将来不管从事什么样的工作，都能为中国梦的实现添砖加瓦，更好地实现自己的人生价值。

从另一个方面看，中国梦的最终实现必须依靠 13 亿多人坚持不懈地埋头苦干，必须依靠每个人在自己的岗位上认认真真地干好"自己的那份"工作。从这个意义上说，当我们的职业理想和中国梦融为一体时，我们就会获得生生不息的奋斗动力，就会获得来自国家精神和民族之魂的强大支持。这样，个人理想的实现也就有了坚实的基础和可靠的保障。

案例讨论

2013 年，在一次以"我的中国梦"为主题的演讲会上，不少职业技术学校的学生表达了自己与国家发展紧密相连的职业梦想。

天津中德职业技术学院学生景优彦的梦想是当一名物流界的"金牌蓝领"，为中国的物流业发展做出贡献。武汉船舶职业技术学院学生李敏梦想着当一名舰船建造师，为中国的航海事业添砖加瓦。新疆生产建设兵团工贸学校学生谢木西尔·艾司开尔在演讲中充分展现了自己质朴的中国梦。在这个女孩生活的镇上，人们要想买新款的物品，还要到很远的阿克苏市。她希望自己能开一家商场，供应最新、最全的物品。她说："中国梦需要每一个有梦想的人来托举。"

请结合上文讨论：

你的职业梦想是什么？你如何理解"中国梦需要每一个有梦想的人来托举"这句话？

二、进行职业规划

职业规划也称职业生涯规划，是指一个人基于自己的职业理想对自己一生的职业活动做一个计划、一种安排、一套方案，目的是让自己及早确立职业活动的方向、目标以及实现的途径和方法。

1. 审视自己，自我评估

(1) 认真回答"我是谁"

"我是谁"，即对自己的年龄、性别、兴趣、性格、学识、技能、特长等情况进行认真的自我评估。自我评估，既可以是自己的反思总结，也可以请专家或职业指导机构帮助测量，对自身情况做出科学的评价。

(2) 认真回答"我想干什么"

在人的心灵深处，都有一个想干什么事或者想成为什么样的人的远大目标，这个目标是随着年龄、阅历的增长而逐渐形成的，最后锁定为自己的职业理想。可是在现实生活中，很多人并不知道自己的职业理想是什么，也不确定自己到底想干什么样的工作。因此，我们必须审视自己的心理需求到底是什么。

(3) 认真回答"我能干什么"

任何职业都有对人的素质能力的要求。一个人的职业定位，最根本的依据是他的能力，而职业成长空间的大小则取决于自己的潜力。所以，首先要客观地估计自己的能力特征和适宜的职业方向，然后对照自己的兴趣和追求，将两者匹配度高的职业岗位作为职业生涯发展的参考目标。

(4) 认真回答"环境支持或允许我干什么"

每个人都处在一定的环境之中，离开了这个环境，便无法生存和成长。在制订个人的职业生涯规划时，要分析环境条件的特点、环境的发展变化情况、自己与环境的关系、自己在这个环境中的地位、环境对自己提出的要求，以及环境对自己职业生活空间的影响等。这样有利于在复杂的环境中趋利避害，找准职业生活的切入点，使职业生涯规划具有实际意义。

(5) 认真回答"自己最终的职业目标是什么"

职业生涯的成败在很大程度上取决于有无正确、适当的目标。所以，职业目标不是轻而易举地制定出来的，需要个人对前面四个问题的答案进行综合分析，把自己理想的职业目标列出来，按照性格与职业匹配、兴趣与职业匹配、特长与职业匹配、环境与职业适应的标准，选择最合适的职业，制订最有希望实现的职业目标。

（6）认真回答"我需要采取什么保证措施"

职业生涯规划是职业生活的行动纲领。在这个行动纲领中，对于保证目标实现的各种措施，包括行动步骤、策略、方法以及规划落实的检查、评价、修正、补救等，都要进行认真思考和筹划，尽可能把详细的保证措施写下来，以便定期对照检查。

2. 归类整理，进行规划

整理自己对上述问题的回答，将结果填入表1－1。

表1－1　职业生涯规划

姓名		性别		年龄	
所学专业					
规划内容		详述			
短期规划（通常为1～5年）①人生目标②职业/岗位目标③专业技术目标④其他目标⑤有利条件⑥主要障碍及对策					
中期规划（通常为5～10年）①人生目标②职业/岗位目标③专业技术目标④其他目标⑤实施步骤⑥策略要点					
长期规划（通常为10年以上）①人生目标②职业/岗位目标③专业技术目标④其他目标⑤实施步骤⑥策略要点					

3. 动态规划，不断调整

影响职业生涯规划的因素有很多，有些因素的变化是难以预测的。因此，要使职业生涯规划行之有效，就要对职业生涯规划进行评估与修订。其修订内容包括：职业的重新选择、职业生涯目标的修正、实施措施与计划的变更等。

职业指导专家罗双平认为，职业生涯规划越早制订越好，但这不是绝对的。20多岁的人往往容易好高骛远，而30多岁的人则比较务实。年龄不是职业生涯规划的障碍，如果设计好目标，努力去实现，一般情况下，3~5年就可出成果。罗双平称，自己就是人到中年以后，才根据社会需要和自身特长重新规划了自己的职业生涯；48岁时开始研究职业生涯设计的理论和技术，用了5年的时间，业绩就得到了社会的认可，自己也很有成就感。

职业生涯规划是一个动态的过程。一个人只有在远大志向的引导下，努力学习，不断调整目标与措施，永远不懈地追求，才能一步一个脚印地走完人生美好的职业生涯。

案例讨论

罗先生：

您好！我的专业是计算机应用，2008年7月我从职业学校毕业后，来到广州工作，先在公司研发部做程序录入员一年，后被派到销售部做售后服务，三个月前又被调到市场部任市场调查员。经过了这几次职位变动，我觉得所学的专业知识正在荒废，工作能力没有得到足够的锻炼，现任岗位又看不到好的职业前景，总是感到危机重重，您能否给我提些建议？

小张
××××年×月

请结合上文分组讨论：

如果你是罗先生，你会给小张哪些建议？

三、理解职业成功的内涵

现代社会观念中，人们对职业是否成功的理解更容易偏重社会地位和财富方面。许多人为了达到社会观念中成功的标准而拼命工作。有的人，因为达不到某一标准，或者因为没有一下子达到某一标准，甚至因为没有能够在所期望的时间之内达到某一标准，便灰心地认为自己是一个失败者。事实上，这是一种偏见。

事实上，职业成功的定义不止一个。对不同的人来说，职业需求不同，职业目标也不同，对成功的理解和评价成功的标准也就不一样。有的人以获得社会地位和社会声望为成功；有的人以拥有一个薪资不低、安稳轻松的职业为成功；有的人以能够支配社会资源、获得很多财富为成功；有的人以勤奋工作、取得成绩为成功；还有的人以自己能帮助他人，使他人感到高兴和满足为成功。

为此，中外学者进行了大量的研究。目前，关于职业成功的通用定义是：职业成功是指一个人在职业活动中所累积起来的积极心理以及与工作相关的成果或成就。

具体来说，职业成功有以下几种评价标准：

（1）财富标准：认为通过工作必须获得更多的经济回报。

（2）晋升标准：认为职业成功就是晋升到组织等级体系高层或者在专业上达到更高等级。

（3）安全标准：工作长期稳定，能够获得职业的安全保障。

（4）自主标准：强调职业成功就是在工作中自主自由，对职业和工作有最大限度的控制权。

（5）创新标准：能够创造出对社会有价值的新事物，完成其他人没有做过或没有做成的事情。

（6）平衡标准：在工作、人际关系和自我发展三者之间保持有意义的平衡，其核心是胜任工作、自我满足、他人认同。

（7）贡献标准：对社会、组织、家庭做出贡献。

（8）影响力标准：在组织中、行业内、社会上有足够的影响力，能够改变他人的心理和行为。

（9）健康标准：在繁重工作的压力下依然保持身心健康。

一个人是否获得了职业成功，其评价标准并不是一个恒定不变的、人人认同的客观标尺，而是根据自己的内在需要，自我设定的一个追求目标。在设定这个目标时，我们不能盲目攀比、追求时尚，这样才不至于在职业生涯的旅途中迷失方向。

案例讨论

全国劳动模范、中国青年五四奖章获得者张晓炜，出生在宁夏西海固山区一个偏僻的山村。他的家乡严重缺水，十分贫穷。为了减轻家庭负担，张晓炜初中没有毕业就到银川打工。

初到银川，张晓炜无依无靠，又没有技能，工作非常难找。他曾露宿火车站广场，也"借"住过汽车站的候车大厅。为了吃饱饭，能挣钱的活儿他都干，养猪、端盘子、下煤矿、在建筑工地做重体力劳动等，他都干过。面对困境，张晓炜意识到技能是改变命运的法宝，于是他参加了宁夏建筑技工学校的农民工培训班，又到一家电气开关厂做学徒。两年之后，他再次回到建筑工地当了一名电工。尽管具体工作不断变化，居无定所，但张晓炜始终坚持利用一切可能的时间自学，成了工友口中的"张三疯"。通过坚持不懈的努力，张晓炜考取了高级电工证书和电气工程师证书。

拥有过硬的技能，又肯钻研，张晓炜在工作中不断攻坚克难，还搞了一些小发明和小创造。出色的工作成绩，为他赢得了所属企业的重视，他被提拔为该企业工程部部长。在这个职位上，张晓炜再接再厉，通过技改为企业节约了大量资金。

在改变自己命运的同时，张晓炜还热情帮助有志于学习技术的青年农民工，他所带的数十名农民工徒弟全都通过了职业技能鉴定，成为合格的技术工人。

请结合上文分组讨论：

张晓炜从普通农民工到技术能手，再到所在企业工程部部长的职业历程，体现了职业成功的哪些标准？

四、了解职业成功的要素

获得职业成功的因素有很多。对于青年人，特别是对于青年学生来说，职业成功的要素有以下几个方面：

1. 目标

目标是职业生涯规划所期望的成果，目标有大小、远近之分。职业理想是我们确立的大目标，也是需要用较长时间甚至用一生来获取的成果。而职业生涯规划则是将长远的大目标分解为若干阶段性的小目标。我们既要基于当前的实际条件，将近期目标定得具有可操作性，又要顺应时代潮流，将自己的职业理想根植于实现中华民族伟大复兴中国梦的宏伟事业中。在为理想奋斗的过程中，我们必须脚踏实地、一步一步地实现各阶段的目标，这样才能在追求成功的道路上面向未来、步步为营，不断突破和超越。

2. 信心

信心是指相信自己的理想、愿望一定能够实现的心理。要获得职业成功，就必须坚定自己一定能成功的信心。有信心才会有一往无前的勇气，才会有矢志奋斗的意志。信心并不是盲目的。职业成功的信心，从近期看，来自对现实条件的合理评估；从长远看，来自对党的领导下实现中华民族伟大复兴的信念。我们要坚定自己职业成功的信心，就要永远紧跟着党，在中国特色社会主义道路上奋勇前进。

3. 行动

行动是职业成功的关键。如果不付诸行动，所谓信心、目标都只是空谈。要行动，就必须做到：第一，从当下做起，从小事做起，从细节做起，在做的过程中学习，在学习的过程中进步，练就过硬本领，提高职业素养；第二，始终保持积极进取的良好心态和顽强拼搏、自强不息的奋斗精神，勇于面对各种困难和挫折，在艰苦环境中锻炼意志，锤炼高尚品德；第三，具有开拓进取、敢为人先、求真务实的意识，善于探索，乐于思考，勇于创新创造，不断开辟自我发展的新天地；第四，要珍惜时间，懂得时不我待的基本道理，不要以"我还年轻，来日方长"来安慰自己，而是要充分利用时间，按照科学的生涯规划完成各个阶段的人生目标。

案例讨论

1967 年，王洪军出生在一个知识分子家庭。他从小就爱好广泛，喜欢各种手工制作。1987 年，他考入一汽技工学校焊接专业，毕业后到一汽集团空调压缩机厂维修分厂做了一名维修工，专门从事汽车冰箱和空调维修。1991 年，他报考了新成立不久的一汽大众轿车车身钣金修模维修工，这个岗位的工作主要靠外国专家指导。

当时，对德国引进的旧车型，由于操作不熟练，国内工人在维修中经常出现很多问题。外国专家认为很多车辆已经无法修复，应该直接报废。不仅如此，与普通维修工具相比，进口维修工具非常昂贵，导致购置费剧增。见此情景，王洪军开始尝试着自己做些工具。1995 年 7 月，他制造的维修工具——修理侧围和顶盖的钩子，经过反复试验，投入使用后，反响非常好，大家都说这个工具使起来更顺手、更有效。此后，他研制出不同车型用的工具 40 多种、2000 多件。

根据多年的操作经验，他归纳出了"出手慢、匀速行、回手快、力集中"的手感检查车身缺陷"十二字诀"，并创造出 47 项、123 种既实用又简捷的轿车车身钣金快速整修方法。尤其是"王洪军快速表面诊断修复法"，被中外专家一致认为"具有重大的理论突破，对车身表面钣金修复和调整具有很高的实用价值，整体研究成果居国际先进水平"。2007 年 2 月 27 日，王洪军以工人的身份登上了人民大会堂国家科技进步奖的领奖台，成为一名顶级的工人创新专家。

请结合上文分组讨论：

王洪军从一名普通维修工成长为一名创新专家，有哪些关键因素在起作用？他的事迹对我们未来的职业生涯有着怎样的启示？

青年在追求职业成功的道路上面临很多选择，每当身处职业生涯的十字路口，我们一定要以社会主义核心价值观和积极的人生态度来指导自己选择正确的道路。一旦做出选择，我们就要坚持不懈、矢志不渝。无数人生成功的事实表明，青年时代，选择吃苦也就选择了收获，选择奉献也就选择了高贵。当我们自己的梦想和国家梦、民族梦融为一体的时候，我们就已经在获取职业成功的人生征途上迈出了最为坚实、最为可靠的一步。

💬 拓展训练与测评

| 案例讨论 |

2008年1月，凭借着"离心压缩机、鼓风机机壳拼装制造技术"，沈阳鼓风机（集团）有限公司（以下简称"沈鼓集团"）的铆焊专家、高级技师杨建华获得了国家科技进步奖二等奖。这一年，他55岁。

离心压缩机在行业内被称为"心脏"，素有"压缩机一响，黄金万两；压缩机一停，效益为零"之说。而压缩机制造的难点又在于机壳，因其体积庞大、工艺复杂，过去一直采用铸造法。但铸造工艺先天存在着难以克服的弊端，仅工序就有20多道，生产周期将近一年，而且因为没有统一规格，造价昂贵的模具用一次就报废。为此，世界上同类产品的制造商，一直在寻求机壳制造技术的突破，但都因技术复杂不能如愿。该课题也被列入世界级技术难题。

20世纪90年代，已经成为"技术大拿"的杨建华，听说国外制造商正在尝试采取拼装焊接法取代过去的铸造法，立刻跃跃欲试，而沈鼓集团也决心向这个世界难题挑战。凭借技术人员从国外带回的几张简单的图纸，杨建华将自己"铆"在车间3个月，没日没夜地搞研究，目标是将150个零件拼装成一个数十吨重的机壳。他细心"吃透"图纸，反复琢磨各部位的支撑、连接关系，分析探求各应力之间相互作用的奥秘，一鼓作气破解了上百个技术难关，大胆地应用了诸多自创的全新工艺。

如果坚定的决心和信心化为了刻刀，那雕刻出来的必定是无可挑剔的精品。当第90天的朝霞洒满厂区时，在消耗了1吨多的焊丝后，一台漂亮、气派的焊接机犹如"变形金刚"般伫立在厂区内。经有关部门检验，其各项数据和几何尺寸都达到了技术要求，"沈鼓"人兴奋地称这首台机壳为"争气壳"。

这一成功，正是难得的历练。尽管此后生产的焊接机壳体积越来越大，技术难度也越来越高，但杨建年的技艺也越来越纯熟。杨建华最终创造性地推出了"一四拼装法"生产工艺，一跃达到世界先进水平，他也因此被誉为"中国焊接机壳拼装第一人"。

成功不可能一蹴而就，走向中国科学技术界最高领奖台，杨建华跋涉了整整 39 年。这 39 年，杨建华用辛勤的汗水和智慧，书写了一个技术工人不断跨越难关的历史。

与杨建华一起工作 30 年的高级技师王守明说，从初出茅庐到年过半百，杨建华从未改变对目标不懈追求的敬业之心。杨建华认准了一个理：既然人生的追求与祖国的事业和企业的发展早已融为一体，就应该在奉献中释放出无穷能量。

为了实现理想，杨建华把青春和汗水全都献给了他心爱的事业。初中只念了一年的他，曾经不分昼夜，利用一切可利用的机会学技术。晚上在家学展开、放样等基本功，早上提前到厂练习电焊、铆工等技术，一本从师傅那里借来的铆工技术书，被他翻烂了，他根据书上图形做出的纸模型装了几麻袋。日常工作中，杨建华更是用超乎常人的细心对待每一个工作细节：随身的一个小本子详细记录着各种技术问题及解决方式，每过一段时间还系统地加以整理，经数十年积累，足有上百万字。多年来，他所做的技术革新，大大小小共有数百项之多。

杨建华就是这样的人——爱岗位，爱得专注。他的考勤表数十年如一日，签上的唯有全勤和加班的字迹，他的任务单累积起来有成千上万份，盖下的皆是"优质"的印章，公司要提拔他当车间主任，却被他一口谢绝："我只有在一线工作，才能感受到最大的乐趣，这里才是我的舞台！"

1. 分组讨论

杨建华原本是一个连初中都没有毕业的普通铆焊工，但他用 39 年的努力将自己打造成"中国焊接机壳拼装第一人"，并由此获得了国家科技进步奖二等奖。请谈谈他的职业成功都源于哪些内在和外在的因素。

2. 拓展训练

通过观看由中央电视台摄制的电视系列片《榜样的力量——高凤林》中的高凤林专辑，进一步了解高凤林的职业生涯之路，研究他的成功之道以及他对成功内涵的理解。请将这些因素列出来，对照自身，看看其中哪些因素自己也具备，哪些因素自己还不具备，自己不具备的因素能否通过努力获得。

项目二　职业道德规范与行为

💬 **项目概述**

　　遵守职业道德是做好本职工作的基本保证。良好的职业道德是推动精神文明建设的重要力量，是树立企业良好形象的重要因素，是使员工在工作中和生活上自我完善、自我提高的重要保证。本项目主要通过学习职业道德规范的原则，帮助同学们养成良好的职业道德行为，进而形成良好的职业道德习惯。

💬 **学习目标**

▶**能力目标**

　　能运用职业道德规范要求自己，进而形成良好的职业道德行为习惯，直至形成道德信念。

▶**知识目标**

　　领悟职业道德规范、职业道德行为的基本内容及要求，认识道德在职业生活中的作用，从而培育高尚的职业精神，为走向社会打下良好的基础。

▶**素质目标**

　　通过教学，提高学生的职业道德水平，促进学生职业精神的形成。逐步将职业规范转化为潜在意识，衍生职业情感，继而形成良好的职业习惯。

任务一　职业道德规范

📩 任务情境

医生是最古老的职业之一。被西方尊称为"医学之父"的古希腊名医希波克拉底生活在公元前 5 世纪到公元前 4 世纪之间。

在那个时代，希波克拉底的医术有许多合乎现代医学科学的地方，这已经十分可贵，但更为可贵的是，那时的希波克拉底就以警言的形式提出了医生应当遵循的职业规则：

我以阿波罗及诸神的名义宣誓：我要恪守誓约，矢志不渝。对传授我医术的老师，我要像父母一样敬重。对我的儿子、老师的儿子以及我的门徒，我要悉心传授医学知识。我要竭尽全力，采取我认为有利于病人的医疗措施，不给病人带来痛苦与危害。我不把毒药给任何人，也绝不授意别人使用它。我要清清白白地行医和生活。无论进入谁家，只是为了治病，不为所欲为，不接受贿赂，不勾引异性。对看到或听到不应外传的私生活，我绝不泄露。如果我违反了上述警言，请神给我以相应的处罚。

此后，古代西方医生开业时都要宣读这份警言。1948 年，世界医学协会对这个警言进行了一定的修改，将其定名为《日内瓦宣言》，作为全世界医生的职业规范。全文如下：

准许我进入医业时：

我郑重地保证自己要奉献一切为人类服务。

我将要给我的师长应有的崇敬及感激；

我将要凭我的良心和尊严从事医业；

病人的健康应为我的首要的顾念；

我将要尊重所寄托给我的秘密；

我的同业应视为我的手足；

我将要尽我的力量维护医业的荣誉和高尚的传统；

我将不容许有任何宗教、国籍、种族、政见或地位的考虑介于我的职责和病人之间；

我将要尽可能地维护人的生命，从受胎时起；

即使在威胁之下，我将不运用我的医学知识去违反人道。

我郑重自主地并且以我的人格宣誓以上的约定。

请结合上文分组讨论：

1. 作为职业规范，你认为对于希波克拉底誓言中的每一条，医生都能做到吗？为什么？

2. 医生是我们最为熟悉的职业之一，请列举一次求医经历或媒体上的实例，以《日内瓦宣言》为标准，对求医经历或实例中医生的职业行为进行评价。

任务分析

职业道德是与人们的职业活动相联系的，包含了不同职业活动特别要求的行业性道德规范，有多少种职业就有多少种职业道德。在现代社会，职业道德是一种高度社会化的角色道德，它不仅是社会道德系统中的一个有特色的分支，而且是一个较有代表性的道德层面。

相关知识

职业道德包括以下几个方面的原则：

一、集体主义原则

集体主义是社会主义道德建设的原则，是社会主义职业道德最根本的规范，在社会主义职业道德规范体系中起统率作用。

集体主义原则要求从业者能够正确处理国家、集体和个人三者之间的利益关系，不侵犯国家利益和集体利益，提倡从业者在职业活动中首先维护国家利益和集体利益，不苛求个人利益，甚至牺牲个人利益。

2009 年 9 月 22 日，新中国成立 60 周年国庆前夕，由中华全国总工会举办的"时代领跑者——新中国成立以来最具影响的劳动模范"评选活动揭晓，60 名劳动模范当选。他们中有邓稼先、王选、袁隆平这样的科学家，有孔繁森、张云泉这样的公务员，更有王进喜、李斌、王洪军这样的工人和吴仁宝、史来贺这样的农民，还有艺术家、运动员等。他们来自各行各业，在平凡的工作岗位上，几十年如一日，实践着"人民的利益高于一切，国家的兴衰匹夫有责"的道德理想，与亿万劳动者共同谱写着社会主义宏伟事业的华彩篇章。

时任中华全国总工会主席王兆国高度评价了这些劳动模范，称他们是亿万劳动群众的杰出代表，为国家发展、民族振兴、人民幸福建立了不可磨灭的功绩。他们所体现出的伟大的劳模精神，已成为激励我国工人阶级和广大劳动群众奋勇前进的强大精神动力，共和国的历史丰碑上将永远铭刻他们的卓越功勋。

案例讨论

作为中国当代农民最具影响力的代表人物之一，史来贺是遵循集体主义职业道德原则的楷模。

1952 年，年仅 21 岁的史来贺担任了刘庄村党支部书记，一干就是 51 年，他将这个豫北平原上有名的穷村变成了河南乃至全国农村的一面旗帜。

史来贺当上刘庄村党支部书记后，凡事总是先为群众着想。宁肯自己吃亏也不让群众吃亏，成了他多年的习惯。

1965 年，他任县委副书记，县里开始给他发工资。史来贺把县里发的工资交到村里，和村民一样拿工分。刘庄的分配水平大幅度提高以后，史来贺又放弃了拿村里的分配，开始拿起了县里的工资。有心人制作了一份"1977~1990 年史来贺与刘庄同等劳力年收入对照表"，从中可以看出，仅这 14 年里，史来贺比刘庄同等劳力少收入 2.5 万余元。

1976 年，史来贺带领村民自筹资金给每家每户盖起独门独户的二层小楼。史来贺召开大会时说："搬新房先群众，后干部。群众中，谁住房困难谁先搬。"就这样，盖好一批，搬迁一批。直到 6 年以后，史来贺才和最后 5 户一起搬进新居。

2003 年史来贺去世以后，在刘庄，村民已经全部搬进了史来贺生前设计的每户 472 平方米的新型农民别墅；新建了现代化教育园区，村民子女从幼儿园到高中全部实行免费教育；健全了社会保障体系，退休人员除享受 49 项公共福利外，每人每月发放退休金，未成年人每月发放生活补助，全村群众由集体出资全部参加了新型农村合作医疗，除享受国家各项优惠政策外，医疗费用全部报销，真正实现了学有所教、病有所医、老有所养、住有所居。

分组讨论：

1. 集体主义职业道德原则在史来贺身上是如何体现的？

2. 通过史来贺的事迹，我们是否可以将集体主义道德仅仅理解为"宁肯自己吃亏也不让群众吃亏"的奉献精神？

二、爱岗敬业

爱岗就是热爱自己的本职工作，能够为做好本职工作尽心尽力。敬业指的是要用一种恭敬严肃的态度来对待自己的职业，就是要对自己的工作专心、负责任。

爱岗敬业是指立足本职岗位，乐业、勤业、精业，恪尽职守，以最高的标准完成本职工作，并从中获得职业的社会价值。

1. 干一行，爱一行

市场经济体制下，劳动力市场的建立给从业者以充分选择职业的自由。但是，人们在进行职业选择时，不得不受到社会历史条件和客观生活环境的制约，人们想要从事一份自己满意的工作并不容易。在这种情况下，我们尤其要提倡"干一行，爱一行"。人们只有具备了这种最起码的爱岗敬业精神，无业者才能有业，有业者才能乐业，乐业者才能实现自己的人生价值。

社会是一个有机体，三百六十行，行行都是这个有机体不可缺少的组成部分。各行各业、各种职业、每个岗位若能合理分工、各司其职、各尽其责，社会这个有机体才能正常运转和发展。如果有的行业、职业或岗位没有人去干、去爱、去钻，社会这个有机体就会"生病"。因此，提倡"干一行，爱一行"，也是整个社会的需要。

2. 乐业、勤业、精业

乐业就是要求从业者对所从事的职业有浓厚的兴趣，并从中获得工作的快乐。梁启超认为：凡职业都是有趣味的……因为每一职业之成就，都离不开奋斗……一步步奋斗下去，快乐的分量就会增加。

勤业关系着从业者的工作效率，也体现了一个人的品质与追求。勤业就是对自己所从事的职业倾情奉献，不计名利、不虑得失，不投机取巧、不懒散懈怠。

精业就是对自己所从事的工作精益求精，精一门、会两手、学三招。精业就要不满足于已有的成绩，见贤思齐，高标准、严要求，把自己培养成行家里手。

乐业是一种优秀的职业情感，勤业是一种优秀的职业态度，精业是一种高超的职业能力。三者相辅相成、相得益彰，使从业者在不同的职业岗位上都能追求卓越、不断创新、争创一流。

案例讨论

1988 年，17 岁的陆琴从老师傅手中接过那把小小的修脚刀。从那一刻开始，她就知道自己走上了一条充满挫折和压力的道路。20 多年来，凭着自己的刻苦学习、顽强努力和坚持不懈，她这个曾被人瞧不起的"摸臭脚丫"的修脚工赢得了越来越多的认可。20 岁时，她当选为首届"全国优秀服务员"。1997 年，她被江苏省商业技术学校特聘为足部保健专业课讲师，并先后出版了《修脚保健知识》《脚艺真传》《陆琴脚艺》等著作。与此同时，她还承担了修订修脚业国家标准和开发国家题库的任务。由于在行业中的突出贡献，她被选为第十届、第十一届全国人大代表。扬州沐浴是养生文化的源头，扬州"三把刀"中的修脚刀是沐浴文化的精髓、核心。陆琴脚艺将传统的扬州修脚技艺与现代足部护理完美结合，形成了稳、准、轻、快的独特修脚技法。她提出了现代足部护理理念，该理念丰富了足疗保健业的内涵，被誉为扬州脚艺一绝。2003年，陆琴在国家工商总局注册了全国第一个足部护理行业的商标——陆琴脚艺，这是全国第一个脚艺专业品牌。如今，"陆琴脚艺"已成为古城扬州沐浴文化的名片、江苏省著名商标和全国沐浴行业的著名品牌。陆琴也被聘为中国沐浴形象大使、全国特级修脚大师。

请结合上文分组讨论：

陆琴从一名普通修脚女工成长为中国沐浴形象大使和全国特级修脚大师的历程告诉了我们哪些道理？

三、诚实守信

诚信是良好品德的基础，是中华民族的传统美德。诚信就是诚实守信。诚实是一种内在品质，守信是一种外在行为。作为职业道德规范，诚实守信是指诚实待人，诚实做事，表里如一，信守诺言；不文过饰非，不弄虚作假，不阳奉阴违，不背信弃义。

1. 诚实守信是为人之道

作为一种为人之道，诚信品质最显著的特点是：一个人在社会交往中能够忠实于事物的本来面貌，不隐瞒自己的真实思想，讲信用，重信誉，信守诺言。中华民族向来把诚实守信看作立身处世之本，认为"人先信而后求能"。它的意思是说：对于一个人来说，首先应该讲信义，然后再论及他的本领如何。

2. 诚实守信要求诚实劳动、信守契约

职业活动是人们最基本的社会活动之一，也是一个人安身立命、成就事业的基础。在职业活动中讲究诚实守信，小则关乎个人的道德品行，大则关乎企业、行业、地区乃至国家的形象。在西方发达国家，信用制度已经十分完备，一个人如果被社会认定为不守信用的人，就在一定意义上失去了生存权。在我国，信用制度正在逐步建立，诚实守信无论是对企业还是对个人的意义都在日益深化。所以，真正的企业家无不把良好的信用看作企业和个人生存与发展的生命线。

3. 诚实守信的核心是质量至上

质量，通常是指产品和服务的优劣程度。每一种职业活动都存在着质量问题，工人有生产质量，教师有教学质量，医生有医疗质量，法官有审判质量，等等。对企业来说，无论是从业者还是经营者，只要恪守诚实守信的职业道德，就会遵循质量至上的行为准则。质量至上，企业才能得到市场信誉，也才能在激烈的市场竞争中立于不败之地。

美国企业界认为，在市场经济条件下，消费者有自己的选择权，这就是向生产者投"货币选票"。为了吸引这些"选票"，企业必须了解消费者的需求，提高质量。日本企业界认为1％的次品对顾客来说就是100％的次品。我国的优秀企业莫不如此，海尔集团就是依靠过硬的产品质量，从一个亏损的小企业走向了全世界。

案例讨论

翟丽青是吉林省长春市桂林路市场的一名个体工商户。一次，她购进了一批市场上非常畅销的防紫外线折叠伞。销售过程中，她发现这批伞存在面料光泽度不够等瑕疵，于是立即张贴告示，原价收回已售出的雨伞，为此损失近万元。

有一年的冬天，翟丽青进了一批羊毛围巾。由于降温，她也围上了一条，可在寒风中她感到这种羊毛围巾根本不挡风，她按惯例烧了围巾穗，结果证明是羊毛的。翟丽青苦苦思考，羊毛围巾为什么不挡风呢？经检验，这批围巾整体是腈纶的，只有穗是羊毛的，却在按羊毛的价钱卖。翟丽青很气愤，第二天就退了货，还向工商部门进行了举报。

为了防止自己进货不慎而给消费者造成损失，经营中，她一直坚持购物退换自由的承诺，保证让顾客乘兴而来，满意而归。

请结合上文讨论：

翟丽青的做法不但给自己造成了一定的经济损失，而且还给自己增加了许多人力、物力等方面的经营成本。你认为这值得吗？为什么？

四、办事公道

办事公道就是要求从业者站在公平公正的立场上，用同一原则、同一标准来办理事务、处理问题。

普通从业者可能认为，办事公道主要是针对有一定职权的人提出的，这是不对的。每一个从业者都面临一个办事是否公道的问题。因为一个人不管是在什么岗位上，不管有无一定的权力，都要与人打交道，都要处理各种关系，也就都无法回避"公道"二字。例如一个服务员接待顾客不以貌取人，无论是对那些衣着华贵的顾客还是对那些衣着平平的顾客，都能一视同仁，这就是办事公道；无论是对那些一次购买上万元商品的"大主顾"，还是对那些一次只买几元钱商品的"小顾客"，都同样热情服务，这也是办事公道；一个班组内，同事之间在工作上评判是非、沟通合作遵循既定的规则，不因关系的远近亲疏而有所改变，这里体现的也是办事公道。

我国有句古话："公道自在人心。"要处理好各种关系，使工作能够顺利地开展并由此树立自己良好的职业形象，办事公道、平等待人是基本准则之一。

从业者如果办事不公，实际上就可能把那些应该服务于全社会的职业，变成只服务于某一部分人的职业，甚至变成谋取个人或小团体利益的工具，使这些职业的社会性质发生扭曲。从这个意义上说，办事是否公道，是检验大到一个国家、一个地区、一个行业，小到一个企业、一个部门、一个岗位的职业风尚是否优良的基本标准。

案例讨论

自独立办案以来，宋鱼水执着地守护着公正：所审案件没有一起裁判不公，连败诉方都诚心送上锦旗。"辨法析理，胜败皆服。"

数九寒天的一个清晨，一个衣衫褴褛的农民工，站在宋鱼水面前，瑟瑟发抖……送了一年的菜，他至今分文未得。年关已近，他来法院讨个说法。这是宋鱼水当法官后接手的第一起案件，很快顺利结案。手捧菜钱，农民工泣不成声。

从那一天起，宋鱼水给自己"约法三章"：不轻视小额案件，不轻视困难群体，不轻视当事人的任何权利。

那一年，宋鱼水刚当上经济庭副庭长，老家就来人了。亲戚说情的这起案子，恰恰就在经济庭。她却不能开这个口……

"法官无权。"找过宋鱼水的人都知道她的这句"名言"。救过她的老师、共患难的同学，都做过她的当事人。发现需要回避的，她主动申请：凡是经手的案件，她都"不近人情"。

宋鱼水时刻紧紧守住公正的底线：没有收过当事人一件礼品；没有办过一件人情案；也没有利用庭长职务，向审判人员施加过任何不公正的影响。2009 年，新中国成立 60 周年之际，她被评为 100 位"感动中国人物"之一。

请结合上文讨论：

你是如何理解宋鱼水这句"法官无权"的？

五、服务群众与奉献社会

服务群众与奉献社会这两个职业道德规范，一个是从服务的具体对象角度提出的，另一个是从服务的理想境界角度提出的。社会由群众组成，要很好地服务群众，就要有奉献精神，而我们之所以要在职业活动中无私奉献，就是为了让群众满意，使社会和谐。

职业活动的本质，规定了既定职业的社会责任和职业义务，也确认了从业者与群众的关系——服务与被服务的关系。当然，这个关系是相对的，因为从业者自己也是社会的一员，从业者在为群众提供服务的同时，也在接受着群众所提供的各种服务。这种关系用一句通俗的话来说，就是"我为人人，人人为我"。但从职业道德的角度看，在这种关系中，从业者必须首先做到"我为人人"——发挥本职业和本岗位的基本职能，向社会提供应有的优质服务。否则，就没有尽到本职工作的责任和义务，职业的社会本质也就无从体现。

奉献，通常是指岗位奉献，这是职业道德的最高境界，也是服务群众的集中表现。落实在我们的职业生涯中，就是要通过兢兢业业的职业活动，为社会、为他人多尽一点绵薄之力，而不计较回报。每个从业者，不论分工如何、能力大小，都能够在本职岗位上通过不同的形式为国家和人民做奉献。这当中，敬业是奉献的基础，乐业是奉献的前提。

有没有奉献精神，对一个从业者来说，工作成效是大不一样的。有奉献精神，就会有高度的责任心和事业心，就会忠于职守、尽职尽责，就会争一流、创一流，就会在平凡的岗位上做出不平凡的业绩；反之，就会斤斤计较、患得患失，凡事讲条件、争待遇，一旦私利得不到满足，就容易牢骚满腹、消极怠工，甚至违反职业纪律。当然，讲奉献并不是忽视个人利益，只是要正确处理好国家、集体和个人三者之间的利益关系，始终把国家利益和集体利益放在首位。这样，我们就可以成为一个乐于奉献的人、一个崇高的人，一个能在平凡的岗位上实现伟大人生价值的人。

案例讨论

林俊德，中国工程院院士、中国人民解放军总装备部某基地研究员。

林俊德的中学和大学都是靠政府助学金完成的。大学毕业后，他参加了中国人民解放军，被分配到罗布泊茫茫大漠中，从事核试验研究，隐姓埋名50载。由于核爆炸具有极大的破坏性，测量仪器研制一直存在很大难度。林俊德根据当时的实际情况，独立创新制作了钟表式压力自记仪，为核爆炸冲击波研究提供了完整可靠的数据。在之后40多年的科研旅途中，他先后取得30多项科技成果。

2012年5月4日，他被确诊为"胆管癌晚期"。为了不影响工作，他拒绝手术和化疗。5月26日，因病情突然恶化，他被送进重症监护室。醒来后，他强烈要求转回普通病房，他说："我是搞核试验的，一不怕苦，二不怕死，现在最需要的是时间。"

林俊德住院期间，整理移交了一生积累的全部科研试验技术资料，多次打电话到实验室指导科研工作。5月31日上午，已极度虚弱的林俊德，先后9次向家人和医护人员提出要下床工作。于是，病房中便出现了震撼人心的一幕：病危的林俊德，在众人的搀扶下，走向数步之外的办公桌，开始了一生最艰难也是最后的冲锋……

5个小时后，心电仪上波动的生命曲线，从屏幕上永远地消失了。这位军人，完成了生命中最后的冲锋。

临终前，林俊德交代：把我埋在马兰。马兰，是一种在"死亡之海"罗布泊大漠中仍能扎根绽放的野花。坐落在那里的中国核试验基地，就是以这种野花来命名的。

请结合上文分组讨论：

1. 临终前，林俊德为什么要求将自己"埋在马兰"？

2. 你是怎样看待林俊德的军旅生涯的？

💬 拓展训练与测评

| 案例 |

2006年2月9日晚，中央电视台《感动中国》的颁奖盛典上，四川省凉山州木里藏族自治县马班邮路乡邮员王顺友入选"2005年度感动中国十大人物"，他是第一个获此殊荣的邮递员。王顺友工作的木里县境内高山林立，峡谷纵横，地势险，平地少。多少年来，当地人的通信方式多为口传、人递、烽火。这里不通公路，不通电话，和外界唯一保持联系的通道就是邮递员。1985年，年迈的父亲将自己心爱的邮包郑重地交给王顺友，并嘱咐他"一不能贪，二不能丢，三不能脏，四不能慢"。没想到王顺友在这条邮路上一走就是20年，陪伴他的是雪山、深谷、湍流、冰雹、飞石、野兽。一条马班邮路，王顺友走得惊心动魄、险象环生。1995年的一天，在走到当地人称作"九十九道拐"的地方时，一只山鸡猝然飞出，惊到了王顺友牵着的骡子，受惊吓的骡子后腿乱踢，踢到了王顺友的肠子。王顺友强忍剧痛，捧着肚子，连走9天，终于送完邮件。当被老乡送到医院时，他已气若悬丝，奄奄一息。打开腹腔，满是脓血，医生说，再晚来一会儿，他的命就没有了……经过4个小时手术，王顺友挺了过来，肠子却不得不剪去一截，落下终身残疾。邮包，就是王顺友的命。每到一处落脚休息，他第一件事便是卸下邮包，细细捋平，枕在脑下，觉才能睡得安稳。王顺友常说，人在包在，这是规矩。为了兑现这规矩，他差点把命都搭进去。1988年7月，王顺友在过湍急的雅砻江快到对岸时，溜索绳突然绷断，他从两米多高的空中跌落下来，人摔在江岸上，可邮件却从背上弹入水中，顺江而去。他顾不上自己不习水性，操起一根树枝，纵身扎进江中。水流湍急，把邮包拖上岸时，他整个人都瘫了。有人问：这么做，值当不值当？"只要乡里能及时跟外面保持联系，值当！"王顺友淡淡地说。这么多年来，王顺友不仅送邮件，还帮老乡寄信、寄包裹，从不跟人要钱；帮忙买东西，给多少是多少。多年下来，连他自己也记不得，到底为邮路上的乡民们垫了多少钱。马班邮路沿途的老乡们，都把王顺友当成亲人，称他为"福音天使"。王顺友说："老乡们特别关心我，每隔七八天看见我一次，他们就放心，晓得我在邮路上还安全。如果十几天没见着我，老乡们就要四处打听我的消息。我离不开他们，他们也离不开我，我们的生命都联系在了一起。"艰苦之旅，危险之旅，孤独之旅。每个月28天的山野漂泊，并未让奔走于马班邮路上的王顺友消沉颓废。白天，实在找不到人说话，王顺友就干脆跟他唯一的伙伴——骡子说话。"加油啊！老伙计，咱们还有很长的路要走呢！"夜晚，天空群星闪烁，大雪纷纷扬扬。篝火旁，啜一口粗劣的白酒，王顺友泪光点点。四周静得可怕，陪伴他的，只有远处的风声、水声和狼的嚎叫声……编山歌、唱山歌成了他排遣孤寂的绝招。生活是艰辛的，工作是劳累的，但抱有希望的人永远豁达乐观。20年来，只读过小学三年级的王顺友，自编的山歌已记了满满一大本。一个人，一匹马，一条路，20年，每年至少330天，王顺友在苍凉孤寂的深山峡谷里踽踽独行，往返跋涉26万多公里，相当于走了21个"二万五千里长征"。20年他从没有延误过一个班期，从没有丢失过一份邮件，投递准确率达百分之百。"一个人，一匹马，一段世界邮政史上的传奇，他翻山越岭，用一个人的长征传邮万里，用20年的坎坷铸成传奇"，这是CCTV"感动中国"2005年人物评选委员会对王顺友的颁奖词。

根据王顺友的事迹，结合自己对社会主义职业道德规范的理解，写一篇演讲稿，做一次演讲。

任务二　职业道德行为

任务情境

杨怀远是安徽庐江人，1960 年从部队复员到上海海运局工作，在海轮上当服务员，1997 年退休。杨怀远每天的工作是扫垃圾、拖地板、倒痰盂、刷厕所、送开水、铺床单……在最平凡的岗位上，杨怀远成了这一行的"状元"。

让杨怀远获得无数荣誉的，是在本职工作之外的一根扁担。上船下船的时候，他用扁担将旅客的行李挑上挑下，义务服务。他不是挑夫，但他比挑夫还像挑夫。杨怀远的肩膀和寻常人不一样，他的肩上有两个像肉馒头一样的肉疙瘩，这是 38 年挑扁担磨出来的。

38 年，在扁担的嘎吱声中，杨怀远从计划经济挑进市场经济，从内地沿海挑到香港，从一个英俊青年挑到两鬓斑白。

杨怀远曾经担任"民主 5 号"客轮的政委，但是出于对平凡工作的热爱，他主动辞去领导职务，甘当一名普通的服务员，挑一根自制的小扁担，穿梭于旅客之中，坚持用小扁担义务为旅客送行李。

他经常深入条件最差的五等舱里，为孩子洗尿布，为病人洗伤口，为老人挑行李，为妇女背孩子。不怕苦、不怕累、不怕脏、不怕烦，被旅客称为"老人的拐杖""孩子的保姆""病人的护士"……哪里有需要，哪里就有杨怀远。

20 世纪八九十年代，价值观多元化，一切向"钱"看的风气开始泛滥，杨怀远和他的扁担不可避免地受到嘲讽。"改革开放，不等于一定产生一切向'钱'看等不正之风"，这是杨怀远认定的死理，他承受着误解和压力，毅然将"为人民服务"进行到底。

1991 年，杨怀远被调到上海至香港航线的豪华大客轮上。在香港航线，还需不需要扁担？杨怀远的答案是："需要！上海至香港航线的特点是老人多、行李多，下客轮还得过驳，乘客太需要帮助了。"

有人进行了统计，杨怀远在沪港客轮上的 6 年多时间里，挑担超过 1.2 万担，磨破了 5 件工作服。一些老人为了等待杨怀远的服务，宁肯晚一个月买票，也要坐他这艘船。

杨怀远家里并不富裕，一次有个旅客一上船就开价两万块钱想买杨怀远的一根小扁担。杨怀远当时说："我考虑一下给你答复。"36 个小时以后船到上海，杨怀远跟他说："这是我为人民服务的工具，不能卖给你。"

1995 年，他出版了一部 17 万字的著作——《为人民服务到白头》，记录了自己的服务经验和体会，教年轻同行不断探索服务规律、提高服务技艺。在书中，杨怀远写道："我为人民挑扁担，春夏秋冬挑不闲，挑得冰雪化春水，挑来凉风送暑天。我为人民挑扁担，越挑越觉心里甜，万里征途跟党走，肩挑扁担永向前。"

如今，杨怀远的事迹和他的"扁担精神"不仅传遍全国，而且名扬海外。2009 年，杨怀远当选为新中国 60 位"最具影响力劳动模范"之一和 100 位"感动中国人物"之一。

请结合上文讨论：

1. 扁担并不是杨怀远做好本职工作必备的工具，杨怀远为什么能做到 38 年如一日，扁担始终不离身？

2. 从普通客轮到豪华客轮，从计划经济时代到市场经济时代，杨怀远坚守自己的价值观不动摇，其内在和外在原因有哪些？

🔍 任务分析

职业道德行为是指从业者在一定的职业道德知识、情感、意志、信念支配下所采取的自觉活动。对这种活动按照职业道德规范要求进行有意识、有目的训练和培养，称之为职业道德行为养成。养成的最终目的，就是要把职业道德原则和规范贯彻落实到职业活动之中，养成良好的职业行为习惯，做到言行一致、知行统一，进而形成高尚的职业道德品质，并达到崇高的职业道德境界。

日常生活中的点滴对任何人的习惯养成都是至关重要的。因此，我们在日常生活中养成良好的职业道德行为是十分重要也是十分必要的。"勿以恶小而为之，勿以善小而不为"，杨怀远用 38 年的时间对这句话进行了诠释。将为人民服务变成习惯，38 年就不再是一种坚持，而是不做自己就不自在、就不心安。这是我们对杨怀远"扁担精神"最直白的解读。杨怀远没有从这个习惯中收获金钱、待遇，却收获了旅客对他的期待、社会对他的尊敬、国家对他的表彰。

 相关知识

一、职业道德行为的内涵

职业行为是一种社会性活动，是一种涉及他人、集体及各种利益关系的活动，是一种社会必须予以规范和评价的活动。因此，职业行为是一种道德行为，我们称之为职业道德行为。

作为一个从业者，怎样才能够在职业活动中让自己的行为获得善的评价、好的效果呢？

首先，从业者需要学习、掌握职业道德规范，这样才能获得是非善恶、好坏美丑的行为标准。

其次，要不断加强自身道德修养，提高道德水平，这样才能够在职业活动中选择善的行为，体验美的情感。

最后，要时时处处警示自己恪守道德规范，积累善的行为，进而养成好的行为习惯，直至形成道德信念。

案例讨论

2008 年 12 月 9 日早上，深圳机场清洁工梁某在候机楼的一个垃圾桶旁"捡"到一个装有 14 千克黄金的小纸箱，之后她把小纸箱放在洗手间里，下班后没见到失主就将其带回家中。当天傍晚，梁某已听到失主寻找黄金的消息，但她仍旧没有呈报，结果因涉嫌盗窃，被警方刑事拘留。

请结合上文讨论：

如何看待清洁工梁某"捡"黄金的行为？

好的职业道德行为一旦在职业活动中形成了一贯的、习以为常的、不做则内心会感到不安的行为方式，就会随之形成好的职业行为习惯。古典哲学家黑格尔有一句很有名的话："一个人做了这样或那样一件合乎道德伦理的事，还不能说他是有道德的，只有当这种行为方式成为他性格中的固定要素时，才可以说他是有道德的。"好的职业行为习惯是职业道德认知、职业道德情感和职业道德意志的外部状态，是从业者内心世界的显露，是对职业道德规范的行为实践。

微笑是空中乘务员必备的一种职业礼仪。同样是微笑，有的是出于公司的规定，有的是迫于乘客的压力，有的则是发自内心对乘客的真诚。所以，良好的职业道德行为习惯是从业者优秀职业素养的一种行为表现。江苏省海安县的大货车司机朱林，创造了国内首个十年安全行车百万公里无大修的纪录。他的秘诀是中速行驶从不急刹车，每天保养车辆，汽缸中加纯净水，机油只用一个品牌另加抗磨剂等。这个纪录的诞生并不需要高超的职业技能，关键在于朱林已经养成了良好的职业道德行为习惯。

案例讨论

　　泰国曼谷有一家知名的酒店，酒店餐厅里有一位著名的女服务员。她之所以出名，就在于当客人问及她所上菜的菜名时，她会下意识地后退一小步再回答。她的这个动作后来成为该酒店的一条服务规则，并被写进了教科书。

　　请结合上文讨论：

　　这位女服务员后退一小步回答客人问题的职业道德行为习惯，有着怎样的内涵？为什么会被写进教科书？

二、养成良好的职业道德行为

　　养成良好的职业道德行为，就是要把职业道德原则和规范落实到职业活动中去，做到言行一致、知行统一，进而形成高尚的职业道德品质，达到崇高的职业道德境界。

　　1. 保持良知

　　良知是人们具有的最基本的道德素质，包括敬畏感、羞耻心和感恩心。敬畏是对道德规范的高度认同，羞耻是抵御不良行为的底线，感恩则是践行道德规范的动力。

　　（1）敬畏感

　　敬畏，大体有两层含义：一是"敬"，二是"畏"。"敬"，就是从内心深处发出的对职业道德规范和理想道德人格的认同与景仰；"畏"，就是对违背职业道德规范和不健康道德行为所带来的人格贬损后果的畏惧。

　　敬畏感是人类本性中的一种真实情感。一位哲学家曾经说过，"敬畏就是对万物尊严的直观，是对超然性的辩识"。人一旦"失去敬畏，就会失去洞察力"。所以，敬畏感能够使人在追求自我价值实现的过程中，冷静地反思自身行为的不足与缺陷，进而依据道德价值及时地调整自我、净化自我、超越自我。

案例讨论

2001 年 4 月 16 日，时任国务院总理的朱镕基视察上海国家会计学院，为该校亲笔题写了"不做假账"的校训。

请结合上文回答：

你能举出一两个做假账的案例吗？你认为"不做假账"这个校训的现实意义是什么？

(2) 羞耻心

羞耻心是一个人由于自己的言行过失而产生的感觉不光彩、不体面的心理，或因舆论的谴责而产生的自责心理。可以这样说，羞耻心是由人的道德良知发现而产生的一种情感反应。

羞耻心是一种对自己不良行为的内心愤怒。人只有具备了这种羞耻心，才有力量鞭策自己，克服自己的缺点，才有力量抵御卑劣与丑恶，保护自己的善心。只有这样，在职业活动中，职业道德规范才会自行约束从业者的行为，使其形成良好的职业道德行为习惯和高尚的职业道德情操。

案例讨论

电视剧《焦裕禄》中有这样一个镜头：焦裕禄到兰考时，正值无数灾民"大逃亡"。此情此景，使这位新上任的县委书记百感交集。他对县委一班人说："党把这个县 36 万群众交给了我们，我们不能领导他们战胜灾荒，应该感到羞耻和痛心。"正是这位有着羞耻之心的县委书记，抱病带领全县干部群众风里雨里奋力拼搏，顽强地与风沙、盐碱和内涝三害作斗争，为改变兰考面貌付出了巨大努力。可谓"知耻者，近于勇"，为官知羞耻，惠及于人民。

请结合上文讨论：

联系焦裕禄的事迹，谈谈羞耻心对良好职业道德行为及高尚职业道德情操的养成有怎样的作用。

（3）感恩心

所谓感恩，是指一个人对来自他人、社会、自然的给予所萌生出的一种"承蒙关照"的感激之情。

中国台湾著名企业家陈正雄在回答记者有关他成功的秘诀时这样说："保持一颗感恩的心。只要你对人、事、物抱有感恩之心，你就一定能成功。"通过"恩"的情感纽带，我们与他人、与环境建立起了和谐的良性互动关系，这样我们对每日所做的工作就会尽心尽力、无所抱怨；相反，缺乏感恩之心的人，总是永不知足，非常容易导致对所从事职业的懈怠：抱怨企业，抱怨上级，抱怨同事，抱怨自己的命运。如果我们尝试着从内心深处感受自己是生于"无以计数的恩"之中时，就会情不自禁地产生"不能不为世间、为他人尽力"的想法，带着这样的感情去工作，就会自觉增强自己的社会责任感、职业自豪感，我们的职业行为就会更加积极。

2. 见贤思齐

孔子认为道德修养的关键之一是"见贤思齐"。"贤"，一是指品德高尚的人，二是指好的品行；"齐"，就是学习、看齐。

每个人都有自己尊崇的职业道德榜样，每个行业和企业也都有自己树立的道德楷模。榜样的作用除了示范、引导外，还具有巨大的人格感召力，对人的心灵有着潜移默化的净化功能。因此，结合自己的专业和未来的职业领域，确定一个职业道德楷模作为自己的偶像，可以让自己时时刻刻有一面精神明镜，有一个行为向导，可以大大缩短良好职业行为养成的时间，避免走弯路。

案例讨论

一位大学生到北京一家知名的跨国公司求职，在豪华的写字楼前遇到一个中年人。大学生以为这个中年人只是这里的一个职员，甚至把他当成了一个清洁工。因为他一路上捡起了至少三个扔在走廊地面上的烟头以及一块废弃的木头。后来他才知道，这个中年人其实就是这家企业的董事。这位大学生的内心深受震动，后来自己也自觉或不自觉地见到烟头就捡起来扔进垃圾箱。

请结合上文讨论：

这位大学生的行为给了我们怎样的启示？

3. 内省与克己

内省就是依据职业道德规范，自己进行反省和检讨；克己就是按照职业道德规范约束自己的行为，克服不足之处。

内省实际上是一种自我观察、自我评价的过程，而道德规范则是自我观察的参照和自我评价的尺度，克己实际上是一个自我纠正的行为过程，是内省结果在行为上的表现。

善于内省者明，善于克己者强。一个人如果在职业活动中能长期内省克己，就能形成坚忍顽强的道德意志，在遭遇道德障碍时就能恪守原则，其良好的职业道德行为也就更容易形成习惯，更容易将职业道德规范转化为自己的信念。

案例讨论

一家公司要求员工每天下班后必须思考四个问题，在第二天上班前进行交流。

1. 今天我对自己最满意的表现是什么？

2. 今天我的工作有失误吗？

3. 我的失误给公司、客户和自己带来了怎样的影响？

4. 明天我将做哪些改进？

请结合上文讨论：

该公司对员工的这项要求有意义吗？为什么？

4. 慎独

"慎"就是谨慎、警觉的意思；"独"是指没有人看见，自己独处。慎独就是指在没人看见、无人监督的情形下，不仅不放松自己，反而更加警觉，坚持自己的道德信念。

慎独是一种无时不在、无处不在的道德自觉和自由，是一种较高层次上的道德修养。一个人如果能长久地坚持慎独的修养方法，就能锻炼道德修养的主动意识，真正使道德修养成为自我的内在要求，从而达到理想的道德境界。

随着社会经济的发展，分工越来越细，专业化程度越来越高，许多行业、企业和部门职业活动的相对独立性也就随之增强，有些职业活动和工作任务甚至完全需要个人的独立操作。在这种情况下，慎独就显得非常重要。

"铁人"王进喜就提出过"四个一样"的慎独标准，即黑夜和白天干工作一个样，坏天气和好天气干工作一个样，领导在场和不在场干工作一个样，没有人检查和有人检查干工作一个样。如果我们能领会这"四个一样"的深刻内涵，就能够在任何时候、任何情况下将工作做好，并将自己锻炼成为一名具有高尚职业道德水准的优秀员工。

案例讨论

同仁堂是全国中药行业著名的老字号企业，创建于 1669 年（清康熙八年）。在 300 多年的风雨历程中，历代同仁堂人始终把济世养生、奉献社会作为企业崇高的责任，恪守"炮制虽繁必不敢省人工，品味虽贵必不敢减物力"的古训，树立"修合无人见，存心有天知"的自律意识，产品以"配方独特、选料上乘，工艺精湛、疗效显著"享誉海内外。

请结合上文讨论：

你是怎样理解同仁堂百年老店的这些训示的？

 拓展训练与测评

▶**探究与实践**

一、分组讨论以下三个案例，说明案例中突出了哪些与养成良好职业道德行为相关的思想意识。

| 案例一 |

张孝骞是著名医学家、医学教育家，我国西医学的先驱。他曾说："病人以性命相托，我们怎能不诚惶诚恐，如临深渊，如履薄冰？"张孝骞曾遇到一位因痰中带血、下肢浮肿入院的患者。其化验结果显示尿中有红细胞。主管医生诊断为肺–肾出血综合征。张孝骞参加了会诊，在对患者做初步检查后，同

意了这个诊断。回到办公室，他总觉得心里不踏实。他想，一般情况下，这个诊断是没有问题的，但会不会有例外？第二天他又到病房为患者做了一次检查，发现其腿部静脉有点异常。从这个线索追踪下去，终于确定病源不是肺-肾出血综合征，而是移形性血栓静脉炎。这种静脉炎会造成肺、肾等多种脏器损害，给人以假象。后来，按照新的诊断结论进行治疗，患者的病情很快好转。

| 案例二 |

程德庆是河北张家口怀来地震台后郝窑水化观测站的一名观测员，连续多年独自坚守在偏于一隅的地震观测站，在孤独与寂寞中，准确地提供着地震监测信息，从未懈怠，谱写了一曲动人的青春之歌。

1995年，程德庆接父亲的班，成为一名普通观测员。他工作的地方人迹罕至，荒草丛生，整个观测站就他一个人，连生活用品都要从两公里外的一个小村庄拉来。而且，这份工作没有节假日，不仅平常天天值班，就连大年三十也难以回家。程德庆深知地震工作的重要性和严谨性，克服种种困难，时刻守着站里的11套仪器设备，确保数据的稳定和连续产出，做到了每天监测取样定时、定点、定量。供电、巡查、检测，程德庆的生活模式化地重复着，似乎成了一条流水线。他就是在这样的"流水线"上，长年独自高标准地完成好每件工作任务。

辛勤的努力换来了出色的成绩：后郝窑水化观测站连续十余年在观测资料评比中进入全国前三名，程德庆也多次获河北省地震局和中国地震局防震减灾优秀成果奖。

| 案例三 |

代旭升是中国高技能人才楷模。1972年，当第一次来到胜利油田前身——923厂所在的茫茫荒原时，他内心充满了彷徨。单位指导员看出他的心思，就利用工余时间，给代旭升讲"铁人"王进喜，讲大庆会战，讲大庆石油工人的优良传统，叮嘱他安下心来，积极工作。由于年龄小、经历少，代旭升当时不太理解指导员的话。

然而，不久后的一件事，让代旭升的思想发生了转变。那天，班上最偏远的一口油井发生蜡堵，班长带着队员一起去清蜡。班长自己压钢丝，代旭升和其他人摇绞车。压钢丝是个技术活，一刻也不能停。摇绞车却可以轮换休息。有几个班上的同事想去替换班长，班长考虑到那口井是高产井又蜡堵严重，没有同意。当时正值寒冬腊月，北风吹在脸上如同刀割，班长站在井场上就像生了根，一干就是5个多小时。由于站立时间太长，清蜡完成后，班长竟一下子跌倒在地。那一刻，代旭升眼前是跌倒的班长，心中却树立起石油工人高大的形象。他终于理解了铁人精神，决心像班长那样，做一名合格的石油工人。

从此，代旭升不畏寒暑，苦练本领，具备了出色的技能。为把工作做得更好，他还锲而不舍地刻苦攻读，硬是啃完高中课程和十几本采油技术方面的书籍，成为真正的技术能手。在此后的职业生涯中，代旭升凭借出色的技术和积极的开拓创新精神，先后自主完成技术革新80多项，其中10余项获国家实用新型专利，1项荣获国家科学技术进步奖二等奖，累计为企业创造经济效益上亿元。

| 案例四 |

英国一家媒体曾经公布了一则20世纪早期的招聘启事。这则招聘启事很快便成为各大公司的"宠儿"，争着套用或直接搬用它，为本公司招才纳贤。

该招聘启事是这样写的：

现招聘男孩一名——他要坐立笔直，言行端正。

他的指甲不能乌黑，耳朵要干净，皮鞋要擦亮，清洗衣服，梳头发，好好保护牙齿。

别人和他讲话的时候他要认真倾听，不懂就问，但与己无关的事情不要过问。

他要行动迅速，不出声响。

他可以在大街上吹口哨，但在该保持安静的地方不吹口哨。

他看起来要精神愉快，对每个人都笑脸相迎，从不生气。

他要礼貌待人，尊重女士。

他不吸烟，也不想学吸烟。

他愿意讲一口纯正的英语而不是俚语。

他从不欺负别的男孩，也不允许别的男孩欺负他。

如果不知道一件事情，他会说："我不知道。"当他犯了错误时，他会说："对不起。"

当别人要求他做一件事情，他会说："我尽力。"

他会正视你的眼睛而从不说谎。

他渴望阅读优秀的书籍。

他更愿意在体育馆中度过闲暇时光，而不是在密室中赌博。

他不想故作"聪明"或以任何形式哗众取宠。

他宁愿丢掉工作甚至被学校开除，也不愿意说谎或是做小人。

他在与女孩的相处中不紧张。

他不会为自己开脱，也不会总是想着自己或是谈论自己。

他和自己的母亲相处融洽，和她的关系最为亲近。

有他在身边你会感到很愉快。

他不虚伪，也不假正经，而是健康、快乐、充满活力。

事实上，任何地方都需要这样的男孩：家庭需要他，学校需要他，办公室需要他，男孩需要他，女孩需要他……一百年前需要这样的人，一百年后的今天仍然需要这样的人。

分析文中所列"一百年都需要的人"的各种特质，说说这些特质和职业道德行为之间有着怎样的内在联系。这些特质你目前具备哪些？缺少哪些？为什么？你准备通过何种途径、何种方法来努力完善自己，使自己也能够成为文中那种各个企业"一百年都需要的人"？

项目三　职业化素质的培养

💬 **项目概述**

职业化是个人可持续成长的有效工具。职业化是企业树立品牌、凝聚品牌文化的基石。企业管理缺乏规范化、从业人员缺乏职业化，是中国企业由经验型管理向职业型管理的过程之中必须解决的两大问题。本项目主要学习职业态度、职业形象、职业技能、职业素养方面的知识。

💬 **学习目标**

▶ **能力目标**

形成适用职业需要的人格、能力和行为方式，能胜任所从事工作，进而创造社会效益和经济效益。

▶ **知识目标**

掌握职业态度、职业形象、职业技能和职业素养的基本内容及要求。

▶ **素质目标**

通过教学，提高学生的职业道德水平，促进学生职业精神的形成，学生能够将职业规范转化为潜在意识，衍生职业情感，继而形成良好的职业习惯。

任务一　职业态度与职业形象

📧 任务情境

下面是中国某公司制定的《员工守则》（节选）。

■道德规范

◇公司是您体现自身价值的平台，您须忠诚于公司。

◇诚实守信是对您从业的要求，您应"当老实人、说老实话、办老实事"。

◇热爱自己的岗位，在本职岗位工作中应"严、细、实、恒"。

◇各项规章制度和工作纪律是保障公司整体协调运行的必要条件，您须始终做到遵章守纪。

◇公司服务于社会，您应遵守职业道德，遵循社会公德，提高个人品德，倡导家庭美德。

■行为规范

◇工作纪律是强制性的规章制度，您必须严格遵守，以保证公司生产、经营及各项管理工作有序、高效地进行。

◇您必须致力于维护正常的工作秩序，不得进行任何干扰和破坏工作秩序的行为。您应按照合法程序反映合理诉求，不要采取任何过激行为。

◇您必须致力于维护彼此信任、平等沟通、团结协作、公平竞争的员工关系。每位员工都是团队中的一员，都应受到尊重。您既要重视个人发展，更要注重团队绩效。尊重和包容他人的个性，尊重他人隐私，彼此间给予充分的理解和信任。

◇公司倡导建立学习型组织，学习和接受培训是您的权利，更是您的责任。您应始终坚持学习，并自觉接受公司组织的培训，提高自身素质和能力。

◇您必须按规定节约使用公司资源，有责任确保公司资源不被滥用、盗窃、浪费和用于谋取私利。

◇您在工作时间以外的个人行为和活动一般不会受到公司干涉，但如果您的个人行为和活动损害或可能损害公司利益和形象时，您须立即停止该行为或活动。

■工作礼仪

◇遵循基本工作礼仪。您应举止得体，礼貌、规范，体现公司员工的素质与风范。当您出现在公共场所时，您的一举一动将代表公司的形象。

◇您在工作期间应按照劳动保护的规定和岗位要求着装。当您出席会议、从事商务或外事活动时，应按要求着装。

◇要尽量讲普通话，使用文明语言，不讲粗话、脏话。

请结合上文讨论：

1. 这份《员工守则》（节选）是企业对其员工的基本要求。看看其中哪些要求是刚性的，哪些要求是柔性的，哪些要求是需要注意的，分类列出并说说从中我们可以受到哪些启发。

2. 假如毕业后你去该公司应聘，你有足够的自信吗？如果有，这份自信源自何处？你准备以什么作为支持，使该公司的人力资源主管能充分认识到你的职业潜力？

任务分析

调查显示：90％的公司认为，近年来，直接制约企业发展的最大瓶颈是缺乏高素质的职业化员工，也可以说企业核心竞争力的大小在很大程度上取决于员工职业化程度的高低。

企业员工的职业化程度不高，就会阻碍企业的发展。一个成熟的企业必须有清晰的战略目标和具备良好职业素养的各级员工。提高企业管理者和员工的职业化素质，可以通过培训来提升。要建立一套科学的职业化管理体系，推动规范的职业化管理，以促进和加快企业全员职业化的进程。对员工个人来说，职业化是进入职场的准入证，是不断提升、长足进步的源泉，是取得辉煌事业的基础。对企业而言，职业化是管理到位的基石。对于员工和企业而言，职业化犹如高楼的根基、大树的根系。职业化是企业发展的基础，决定着企业的成败。高度职业化是在激烈的竞争中取胜的最有力保证，是战胜一切危机、赢得胜利的最强大力量。

企业员工的职业化，就是要求从业者在特定的企业文化中，形成适应企业需要的人格、能力和行为方式。通俗地说，就是企业通过制度、文化、培训和职业活动等各种方式让自己的员工训练有素、胜任工作，并能够创造社会效益和经济效益。

企业员工的职业化主要包括职业态度、职业形象、职业技能和职业素养四个方面。这些是所有企业对员工的共性要求。本任务着重介绍职业态度和职业形象相关内容。

 相关知识

一、职业态度

1. 职业态度的含义

职业态度就是我们对工作价值的认识，以及由此而产生的情感和意向。一个人如果认识到工作的美好价值，就会对工作产生美好的感情，就会喜欢工作，随后就会产生要做好工作的一种动力，并为之积极准备。这就是职业态度构成中的职业认知、职业情感和职业意向的高度协调统一。有句流传很广的话，叫作"态度决定一切"，说的就是职业态度对职业活动的重要意义。

这是一则关于职业价值观的哲学故事。撞钟是每个和尚的必修课。一天，轮到一个新来的小和尚撞钟了。他觉得钟声只是寺院的作息时间，没什么大的意义，只要用力撞就可以了。就这样，他"做一天和尚撞一天钟"地敲了好几天。这天，他被方丈叫到跟前。方丈说："你的钟撞得很响，但钟声空泛、沉闷，没有什么力量。要知道，钟即是佛，撞钟就是敬佛，就是普度众生，所以要虔诚，要用犹如入定的禅心和礼拜之心来撞，钟声才会洪亮、圆润、深沉、悠远。"小和尚若有所悟。次日清晨，方丈刚刚从禅定中起身，寺里传来阵阵浑厚悠扬的钟

声，整个山谷似乎都摇动起来——方丈用心聆听许久，终于颔首微笑。

工作是企业员工的必修课。我们究竟为什么而工作？这是一个严肃的问题。每个人由于所处的环境不同、所受的教育不同，对职业也就具有不同的价值观。这种价值观的形成还取决于个人的需要、兴趣、信念等因素。因而，"做一天和尚撞一天钟"的含义就会截然不同——或得过且过、敷衍塞责，或忠于职守、鞠躬尽瘁。

案例讨论

美国著名企业家洛克菲勒曾给他儿子写过一封信，下面是这封信中的部分内容。

"如果你视工作为一种乐趣，人生就是天堂；如果你视工作为一种义务，人生就是地狱。让我们来检视一下自己的工作态度——同样是石匠，同样在雕塑石像，如果你问他们："你在做什么？"他们中的一个人可能就会说："你看到了嘛，我正在凿石头，凿完这块我就可以回家了。"这种人永远视工作为惩罚，在他嘴里最常吐出的一个字就是"累"。另一个人可能会说："你看到了嘛，我正在做雕像。这是一份很辛苦的工作，但是酬劳很高。毕竟我有太太和四个孩子，他们需要吃饱饭。"这种人永远视工作为负担，在他嘴里经常吐出的一句话就是"养家糊口"。第三个人可能会放下锤子，骄傲地指着石雕说："你看到了嘛，我正在做一件艺术品。"这种人永远以工作为荣，以工作为乐，在他嘴里最常吐出的一句话就是"这个工作很有意义"。

约翰，如果你视工作为一种乐趣，人生就是天堂；如果你视工作为一种义务，人生就是地狱。检视一下你的工作态度，那会让我们都感觉愉快。

请结合上文讨论：

对同样的工作，三个石匠的态度为什么不同？对这三种不同的工作态度及其意义，请尝试分别举出身边的实例加以说明。

---

2. 培养积极的工作态度

积极的工作态度会带给我们对工作的渴望和热情，并由此体验到工作的成就感，尤其是克服了一定困难后所获得的成就感会激发我们的工作潜力，让我们向着更高更远的目标努力，此时经济收入反而成为一种副产品。积极的工作态度还会使看上去冰冷刻板的企业制度成为检视我们工作质量的坐标而不是束缚我们的绳索。积极的工作态度，让我们专注于工作，用心做好每一件事，尽力将每一件事做到完美，使得高品质的工作本身成为对自己的激励和奖赏，外来的奖励反而只是脚下的一块石头，作用是让自己眼界更高、做得更好。

案例讨论

一家公司的销售工作会议上，营销总监提出了一个两周后在全省10家商场同时开展预算为10万元的小家电促销计划。

甲经理说："在两个星期之内完成跟所有商场的谈判，时间太紧了，我觉得这个不可行。有没有可能给我们多一些时间去和商场进行谈判？这样，可以让10家商场都积极参与这个活动。"

乙经理说："我觉得不可行，促销费用太少，两家商场的促销就差不多花完了。有没有可能增加活动的费用？如果有困难，我建议增加与商场合作的条款，争取让商场支持我们的活动。"

丙经理说："这要招聘一批促销员，还要进行培训，招聘和培训都需要时间，根本不现实，还是算了吧！实在要做，我觉得促销员培训是一个关键，能不能在时间和费用上再周密地考虑一下？"

请结合上文讨论：

你赞成哪位经理的意见，请说明赞成的理由。

二、职业形象

企业都有与其企业文化相适应的整体形态面貌，这种整体形态面貌不仅体现在企业标志、商标、广告等方面，更体现在每个员工的个体形象上。一方面，企业对员工会提出具体的职业形象方面的要求；另一方面，作为企业员工，也有责任、有义务来维护企业形象，让企业得到更好的发展，同时也使得自己拥有更多的职业自信、更强的职业竞争优势。

员工的职业形象主要体现在职业仪表与职业礼仪的协调统一上。

1. 职业仪表

职业仪表是指一定职业的从业者在职业活动中所表现出来的仪容、姿态、服饰、风度等。在职业活动中，自然端庄的仪表不但体现一个人的素养和品位，也是对他人的一种尊重。

需要注意的是，职业仪表并不是指一个人天生的长相。相貌平平者一样可以做到仪表堂堂、风度翩翩，那就是积极心态的外在表现，如得体的穿戴、优雅的仪态、自信的言谈和进取的作为。

职业仪表主要由职业仪容、职业服饰和职业姿态三个方面组成。

（1）职业仪容

仪容即个人的容貌，职业仪容是职业活动中最易受他人关注的部分。良好的职业仪容要做到以下几点：

第一，养成良好的个人卫生习惯，要勤洗澡、勤洗头，保证身体无异味，坚持饭后漱口，做到牙间无异物，自觉保持口气清新，上岗前禁吃易产生口腔异味的葱、蒜、韭菜等食物。

第二，发型大方，头发清洁，且不有碍于工作。很多岗位要求男士头发前不覆额，侧不掩耳，后不及领，要求女士头发前不过眉，后不披肩。女士若保留长发，工作时则应将其梳扎成束，不可随意披散于肩。

第三，面容修饰应清洁、自然，有神采。具体地说，男士应养成岗前修面剃须的良好习惯，女士则要求淡妆上岗。职业女性化妆以自然、清雅为宜，切忌浓妆艳抹。

第四，适时适度地保护并美化自己的双手是某些职业所必需的。例如餐厅服务员、营业员要保持双手清洁，将指甲修剪整齐。无论男女，留长指甲、涂抹有色指甲油均为上岗禁忌。

（2）职业服饰

从业者的服饰穿戴应符合其特定职业角色的相关规定和具体要求，同时力求端庄、典雅、规范、整洁且便于行动。

（3）职业姿态

职业活动中，最常见的姿态主要有站、坐、走三种。无论何种工作姿态，从业者都应给人以稳重、优雅之感。

站姿是人体静态造型的一种，是一切人体动态造型的基础与起点。从业者的站姿应能传达自信，力求挺拔、自然。正确的站姿是：重心置于腰际，双膝并拢，收腹提臀，立腰挺胸；平肩、梗颈、收颏、正头，两臂自然下垂，双手搭于小腹或后腰际。无论男女，站立时要谨防身体东倒西歪，重心不稳，更不得倚墙靠壁，随意抖动、耸肩或双手插袋，也不宜做双手叉腰、双臂抱胸之态。

坐姿的基本要求是正襟危坐。端正、优雅的坐姿能给人以美的视觉享受。优雅的工作坐姿从入座起就有所规范：入座时轻而缓，落座后，上体正直，背距椅背约一拳。男士双腿可分开与肩同宽，双脚平踏于地，双手分别置于左右腿面之上；女士双腿应并拢且斜放一侧，双手轻握置于大腿上。此外，男女均可叠坐，但脚底不得抬起示众，随意抖腿或双手交叉于脑后而仰坐也有失礼规。

步态即行走的姿态，它是人体最基本的动态造型。从业者正确的工作步态为：上体保持平稳，收腹挺胸立腰，抬头收颏梗颈，目光平视前方，两臂前后自然摆动，摆幅适中，步位平直，即双脚内侧落地轨迹大致在一条直线上，步履轻快、从容。切忌驼背斜肩、双脚蹭地、摇头晃脑、手插裤袋、左顾右盼、勾肩搭背、步幅过度。此外，还应注意在行进之中，超越前行者应先致歉后致谢；两人以上最好不要并行而走；在工作场所，无故不得随意奔跑。

案例讨论

有一个成语叫作"买椟还珠"。说的是一个楚国人卖他的珠宝,将珠宝装在用木兰的香木制作的匣子里,这个匣子不但制作精美,还用桂、椒等香科熏染,用珍珠、宝石、美玉和翠鸟的羽毛来装饰点缀。结果一个郑国人买走了他的匣子,却将匣中的珠宝还给了他。这个成语故事的本义是讽刺楚国人不善卖珠宝,而郑国人也缺乏眼光。如果换一个角度看,这个故事也蕴含了为人做事更深层次的道理。

请结合上文讨论:

这个故事说明的道理是什么?请运用这个道理说一说职业礼仪中的着装和仪态两方面应注意的环节。

2. 职业礼仪

职业礼仪是指从业者在工作的人际交往中所应遵守的自尊和敬人的行为规则。职业礼仪的内涵是自我尊重和尊重他人的高度统一,以尊重他人为核心。它包括外显的言行举止和内在的美德修养两个层次。

职业礼仪以职业道德为基础,是职业道德的外在表现。

(1) 职业礼仪的意义与作用

职业礼仪有两个基本意义:

第一,良好的礼仪行为能够提升企业的组织形象,提升企业的社会声望和产品信誉,提升企业生产经营的效率和效益。

第二,良好的礼仪行为能有效提升个人素质,塑造良好的职业形象,有利于工作的开展,同时有利于维护和展示企业形象。

职业礼仪有三个基本作用:

第一,使人重视。良好的礼仪使对方能够注意到你的存在,尤其是在需要沟通的场合,必要的礼仪会使对方马上回应你的问题。

第二,使人喜悦。礼仪讲究举止行为、言谈话语的规范性,使对方产生被重视、被尊重的感觉，获得心理愉悦。

第三，使人接受。礼仪的目的是相互接受，当对方因为礼仪而接受你时，就会比较容易地接受你的请求、购买你的产品、满足你的愿望等；反之，会因为排斥你而拒绝你的一切，哪怕你的请求是合理的，产品质量是上乘的。

案例讨论

一家星级酒店曾发生过这样一件事：一位住店的客人外出不久，其约好的一位朋友来访，要求进他的房间等候，由于住店的客人事先没有留下口信，总台服务员就没有答应客人朋友的请求。客人回来后十分不悦，跑到总台与服务员理论起来。酒店公关部年轻的王小姐闻讯赶来，刚要开口解释，怒气正盛的客人就指着她的鼻子，言辞激烈地指责起来。当时王小姐心里很清楚，这种情况下，勉强解释毫无意义，反而会让客人更加反感。于是她默默地看着客人，让他尽情地宣泄，脸上则始终保持一种友好的微笑。一直等到客人平静下来，王小姐才心平气和地告诉他饭店的有关规定，并表示歉意。客人接受了王小姐的道歉，平复了情绪。没想到几天后，这位客人离店前还专门找到王小姐辞行，很感慨地说："我是个性急的人，在许多酒店我都着急过，这次是你的微笑征服了我，下次有机会还来你们这家酒店住。"

请结合上文讨论：

1. 王小姐的微笑为什么能化解矛盾？

2. 是不是只要微笑就可以化解工作中类似的矛盾？

（2）职业礼仪的基本内容

职业礼仪按照场所不同可以分为企业内部礼仪和企业外部礼仪。企业内部礼仪主要涉及同事之间的关系、上下级之间的关系、部门之间的关系，企业外部礼仪主要涉及与客户的关系。此外，根据企业性质，职业礼仪还可以分为商务礼仪、服务礼仪、谈判礼仪等。但无论什么场合，下列礼仪规范都是需要遵守的最基本的规则。

■心态

◇在充分自信、自尊的基础上，端正自己的职业态度，降低自己的心理位置，控制自尊心的强度。

■仪态

◇进入职业环境，人的仪态就要调整到职业角色所要求的状态。好比演员一样，要充分展示自己的人格魅力。

◇仪态的整体要求是热情、有朝气。

◇仪态最重要的问题是职业性微笑。对于他人的尊重，首先体现在微笑方面。

■行为

◇在职业环境中，从业者的行为是受到约束的，不可随便，即使非工作时间，只要穿着工作装和处于职业场合，就要注意自己的形象。

◇在职业环境中打电话要受到控制，不要大声喧哗，不要影响他人，私人电话要节制。

◇接、递物品要小心，必要的时候要用双手，并注意站姿。不能随便抛、摔物品。递名片时要注意名片的正面朝向对方，接名片时要认真阅读并妥善收存。

◇握手要真诚，手型要正确（虎口轻微接触），手指扣向掌心，时间以3～5秒钟为宜。

■语言

◇问候对方、相互交谈，语言要规范，讲普通话，吐字清晰。不要当着客户的面与同事讲方言。

◇声音要悦耳，音量要适宜，声音中要饱含热情和愉悦。

◇称呼准确。称呼对于引起对方注意和赢得好感有重要作用。

◇同事之间在客户面前要使用尊称。不要把一些亲昵称呼、私人之间的称谓带到职业场合。

◇问候要得体。

◇某些职业场合，寒暄是必要的。寒暄可以使双方有一个心理适应过程。

寒暄的话题要适宜，多说引导性话题，说对方感兴趣的话题，拉近彼此的心理距离。寒暄的时间一般以 3～5 分钟为宜。寒暄的一个重要内容是自我介绍。进行自我介绍时要清晰准确，报名字时不要过快，需要重复和必要的铺垫。

◇谈话中要有适当的赞语。赞扬他人可包括相貌、气质、身材、服饰、能力、业绩等，以及与对方有关的人和事。

■倾听

◇要学会倾听。听人讲话，要用平和的目光望着对方，眼神不要闪烁不定。要有必要的眼神交流。听他人讲话要有必要的呼应，不能一味地听，要重复对方讲话中的关键词。要耐心地听对方把话讲完。有时，对方的讲话会使你感到不耐烦，要注意控制自己的情绪。要听清楚、听明白对方讲话的真实意义，要能够听出对方没有表达或者不便表达的意思。

职业礼仪虽然是外在表现，却是一个人内在素质的综合反映和自然流露。职业礼仪需要通过学习和训练来养成，而学习和训练的目标是内秀外美。

拓展训练与测评

| 案例讨论 |

一把坚实的大锁挂在大门上，一根铁棒费了九牛二虎之力还是无法将他撬开。钥匙来了，他瘦小的身子伸进锁孔，只轻轻一转，大锁就"啪"的一声打开了，铁棒奇怪地问："为什么我费了那么大力气都打不开，你却轻而易举地就把他打开了呢？"钥匙说："因为我了解他的心。"

请结合上文讨论：

1. 这个寓言故事给了我们哪些启示？

2. 请结合自己的日常行为习惯，谈谈如何针对自己的薄弱点进行有效的自我修炼。

任务二　职业技能与职业素养

 任务情境

案例讨论

　　一位客人来到一家餐厅，点了菜和一碗浓汤。当服务员将刚出锅的汤送到客人面前时，客人用挑剔的口吻说道："怎么不太热？"服务员愣了一下，立马应道："哦，对不起，我给您热一下。"不到两分钟，服务员将汤再次端到客人面前，轻巧地用汤勺将汤最上面的膜搅了搅，让热气冒出来，然后轻柔地说："请慢用。"

　　请结合上文讨论：

　　这个案例中的服务员体现了一种怎样的服务艺术？这是职业技能吗？为什么？

任务分析

　　员工不断提高自己各方面的技能，对于自己的职业发展是非常有益的。提高技能，一方面是社会发展、组织进步的需要；另一方面，是自己进一步发展的需要，为取得更好的职位做准备。

相关知识

一、职业技能

　　我们所说的职业技能，是指一个人在职业活动中表现出的且可以观察到的能够完成工作任务的本领。职业技能与生活技能相对应。以机动车驾驶技能为例，个人日常生活中，驾驶是一种生活技能，而以开车为职业，则是一种职业技能。生活中，我们不能缺乏技能，比如说话、行走、穿衣等，否则生活就会面临困难甚至不能自理。同样，企业的生产经营也不能缺乏技能，否则企业的生产经营活动就无法进行。所以，工作技能是员工职业化的核心之一。

1. 动作技能和心智技能

从表现形式上看，职业技能可以分为动作技能和心智技能两种类型。在职业活动中，像钳工、车工、焊工、机修工等，主要靠肢体活动进行操作，完成生产任务。我们将这些职业技能称为动作技能，这就如同体育运动中的球类、田径等运动员的活动。在职业活动中靠知识的运用、信息的掌握和人际关系的协调来完成的技能被人们称为心智技能，比如营销员、会计员、统计员、检验员在工作中通常运用的技能，这就如同体育运动中的棋类运动员的活动。

当代职业活动中，随着高科技的运用，动作技能和心智技能在许多时候已经难以截然分开，许多典型的动作技能职业如车工，已经和电脑编程联系在一起，形成了数控加工这种"动作＋心智"的复合职业技能。因此，动作技能和心智技能划分的意义在于告诉我们当代职业技能的一种发展趋势，使我们在职业活动中能够更有效地学习和实践，从而不断提升自己的职业技能水平。

2. 职业技能的三个层次

无论是动作技能还是心智技能，都是岗位工作直接应用的职业技能，其实在这个技能的下面还有两个层次的技能作为基础，共同构成职业技能的三个层次：特定技能、通用技能和核心技能。

特定技能是表现在每一个具体的职业、工种和岗位上的能力。它们数量很大，但适用范围很窄。在职业学校中，我们所学的专业课程主要集中在培养这种职业的特定技能上，在企业活动中，也多运用这种特定技能来完成工作任务。

通用技能是表现在每一个行业或者相近工作领域的，存在一定共性的能力。它们的数量尽管少于特定技能，但适用范围要广泛得多。比如机械加工类工种都需要一定的识图与制图能力，营销和会计类职业都需要一定的财务核算能力等。职业通用技能可以使我们具有更广泛的职业适应性和职业竞争力。

核心技能是存在于一切职业中的、从事任何工作都需要的、具有普遍适用性的能力。正像纷繁复杂的物质世界，在其最深层次上仅仅由原子和电子等少数几种基本粒子组成一样，人类在社会活动中表现出来的多姿多彩的能力，在深层次上也仅仅是由几种核心能力构成的。特定技能好比露出海面的冰山一角，通用技能和核心技能则是海面下的冰山主体。相对于特定技能和通用技能，核心技能往往是人们职业生涯中最重要、最基本的技能，例如自我学习与提升的能力、信息收集与处理的能力、分析问题与解决问题的能力、与人沟通交流合作的能力、创新创造的能力等。这些核心能力具有最普遍的适用性和更广泛的迁移性，对一个人职业生涯的影响和意义尤为深远。

案例讨论

1996年7月的一天，上海液压泵厂要引进一台数控机床。外商开口就要价126万元。厂方对此不能接受，谈判陷入僵局。这时，李斌提出机床固化程序不应再次计价。他从容地将知识产权数控解锁程序进行逐项分析，而后斩钉截铁地得出结论，被列入报价的许多功能，我方其实并不需要购买，因为我方有足够的技术力量来解决。他胸有成竹地说："不信的话，我可以当场打开这些程序！"外方大吃一惊，一个不起眼的工作人员居然对高、新、尖的数控机床性能如此熟悉！而固化程序包含着数以万计的复杂参数，他竟了如指掌！最后，外商做出让步，签订了一份以100万元出售数控机床设备，不再收取技术附加费的特殊优惠合同。而此时，李斌还只是一名只有技校学历的数控机床维修工。

请结合上文讨论：

作为厂里数控设备采购的谈判专家，李斌在谈判桌上表现出了哪些职业技能？并思考这些职业技能应如何获得。

二、职业素养

职业素养是指一个人在职业活动中表现出来的综合品质。这种品质会让人尽自己最大的能力把工作做好，而不是仅把做好这项工作和能给自己带来什么利益联系起来。

1. 职业素养的内涵

职业素养由两个方面构成，即内化素养和外化素养。内化素养是指个人的世界观、价值观、责任感、职业意识、职业态度等思想、信念、人格方面的修养，外化素养是指个人的职业技能、职业行为习惯等可以直接观察到的修养。

如果将职业素养比作一棵大树的话，内化素养就是树根和树干，外化素养就是树枝和叶片。只有内化素养和外化素养同时具备，才会枝繁叶茂、生机勃发。

（1）责任感

责任感是由职责所赋予的自觉圆满完成任务，时刻要求自己将工作做到最好的一种精神状态。在工作中增强责任感和主动性是发展成为优秀员工的必要条件。责任感是员工最重要的职业素养之一。责任感强的员工能认真工作，追求卓越，他们不把工作视作负担，不把完成任务作为唯一目标，更不会寻找借口开脱责任。

美国心理学家曾对世界上 100 名各个领域中的杰出人士做过一次调查，结果证明其中 61 人竟然是在自己并不喜欢的领域里取得了辉煌的业绩。除了聪颖和勤奋外，他们成功的真谛究竟是什么呢？这些人的答案几乎是一致的："任何抱怨、消极、懈怠的情绪都是不足取的。唯有把工作当作一种不可推卸的责任担在肩头，全身心地投入其中，才是正确与明智的选择。"正是在这种高度责任感的驱使下，他们取得了令人瞩目的成就。

案例讨论

一个女孩到东京帝国酒店做服务员，这是她步入社会的第一份工作。但她万万没有想到上司竟安排她刷厕所！而且必须把马桶洗得光洁如新！什么叫作光洁如新呢？她很卖力也很委屈地干了一天，临下班了，一位前辈来到洗手间，看到马桶内侧边缘有一小点不起眼的黄渍，便不声不响地为她做起了示范。当前辈把马桶洗得光洁如新时，竟然从马桶里舀起一杯水喝了下去！此时，她才明白什么叫作光洁如新，也明白了对待工作应有的责任和态度。次日，在完成第一轮清洗工作后，她认真地审视了一下自己的劳动成果，自信地从马桶里舀起一杯水，然后慢慢地喝了下去。她就是后来担任日本政府邮政大臣的野田圣子。

请结合上文讨论：

将马桶清洗得光洁如新的内在含义是什么？

（2）忠诚

"忠"，就是尽心竭力；"诚"，就是真心实意。我们这里讲的"忠诚"，就是对自己所从事的工作、所服务的对象一心一意，忠于职守，决不懈怠，直至使命完成。

对员工来说，忠诚的意义就在于对职业责任的高度认同和自觉履行，任何情况下都能表现出良好的职业精神。

在一架飞往上海的航班上，一名乘客突发癫痫。空乘人员立即通过广播向乘客中的医务人员寻求帮助。这时，一位年轻的女乘客来到病人跟前，对乘务长说："我是护士，我可以护理他。"在得到允许后，她按照重症病人抢救程序中的护理要求开始工作……半个小时后，飞机降落，病人被迅速送下飞机。当乘客们依次离机时，乘务长竟然发现这位乘客正在座席间对病人的呕吐物进行清理。乘务长说："这个由我们的乘务员来做吧。"然而，乘客却回答说："这是护士的工作，还是让我来做吧。"

每个人对自己所从事的职业都有自己的认识。在特定的职业环境中，该做什么、如何做、做到什么程度，一般的从业者都有一个利弊得失的权衡。这名女护士不但明白自己所从事职业的内涵，更重要的是她已经将这种职业赋予她的职责化作自己的一种使命，化作自己生活的一种信念，这就是对职业的忠诚。不需要监督，不需要评价，不需要权衡，要的只是与自己的职业身份和职业精神相匹配的内心安宁与满足。

案例讨论

> 在商城购物的一位顾客路过男装部的汤尼·威尔专卖厅，营业员发现他衣服上拖着一个线头。营业员先向顾客问好，然后建议他将线头剪掉。顾客很惊讶地问："为什么？"营业员说："您穿的是汤尼·威尔的品牌，和我们这个专卖厅的服装是同一系列的，看到我们的商品有瑕疵，影响您穿着，我感到过意不去。所以，请让我帮您将这个线头剪掉。"
>
> 请结合上文讨论：
>
> 1. 案例中营业员的行为是她的分内之事吗？
>
> 2. 这样做，体现了她一种怎样的心态？对顾客会产生怎样的影响？

（3）合作意识和团队精神

员工的合作意识主要表现在团队精神上，而团队精神是指团队成员为了团队目标的实现而相互协作、尽心尽力的意愿和作风。

团队目标是一个团队所有成员个体目标的综合，但其意义又远远大于个人目标的总和。可以说，个人目标的实现必须以团队目标的实现为前提。换句话说，只有团队成功，才谈得上个人成功；相反，团队的失败会使所有人的努力付诸东流。因此，每个员工必须意识到这种个人与团队的关系，必须具有大局观，有为团队尽心尽力的意愿，甚至有为团队目标的实现而暂时牺牲个人利益的精神境界。

著名的"木桶理论"很好地说明了这其中的道理。那就是一个木桶能装多少水，取决于组成这个木桶的最短的一块板。木桶理论有两个方面的意义：一是要求每个团队成员有完成自身目标的高度责任心，认清自己的工作对于团队的重要性和工作失误可能带来的严重后果；二是要求团队中的每个成员应有足够的自信和能力完成自己的任务，而且不受外界因素的影响，越是团队出现某种危机的时候，越是需要成员坚定信心，既能完成个人的既定目标，又能积极主动地处理好与上下左右的各种工作关系，从而为团队摆脱危机尽到自己的责任。

2. 企业管理与职业素养

职业道德在企业管理中更多地表现为企业制度和职业纪律。这些企业制度和职业纪律一方面保证着企业的正常运行；另一方面也激励着员工的工作热情，塑造着员工的职业素养。

（1）职业纪律

职业纪律是刚性的，是由国家法律保障实施的一种职业规则。

《中华人民共和国宪法》在规定劳动者拥有劳动权利的同时，在第五十三条还有劳动者必须遵守劳动纪律的明文规定。

《中华人民共和国劳动法》第三条规定，劳动者应当完成劳动任务，提高职业技能，执行劳动安全卫生规程，遵守劳动纪律和职业道德。第十九条规定，劳动合同应当以书面形式订立，并具备劳动纪律的条款。第二十五条规定，劳动者严重违反劳动纪律或用人单位规章制度的，或严重失职、营私舞弊、对用人单位利益造成重大损害的，用人单位可以解除劳动合同。第五十五条和第五十六条规定，从事特种作业的劳动者必须经过专门培训并取得作业资格，劳动者在劳动过程中必须严格遵守安全操作规程。

职业纪律的范围很广，大体包括以下几个方面：

①考勤纪律，即员工在作息时间、考勤、请假方面的规则。

②岗位纪律，即员工在履行岗位职责、遵守操作规程方面的规则。

③组织纪律，即员工在服从人事调配、听从指挥、保守秘密、接受监督方面的规则。

④协作纪律，即员工在工种之间、工序之间、岗位之间、上下层级之间相

互衔接、配合方面的规则。

⑤安全卫生纪律，即员工在劳动安全卫生、环境保护方面的规则。

⑥品行纪律，即员工在廉洁奉公、爱护财产、厉行节约、关心集体方面的规则。

⑦其他纪律。

只要企业制度不违反国家相关法律及政策，企业就有权对员工违反企业制度的行为做出处罚。比如，有的企业规定员工无故旷工达到一定的天数就要予以辞退。又如，大多数企业对员工都有着装要求，如果进入车间不按规定着工装，则可能面临比较严厉的处罚，特别是像无尘车间、金属切削车间等特种车间。再如，几乎所有的易燃易爆化工企业都严禁厂区内吸烟，一旦违反立即辞退。

由于职业纪律的制裁性，迫使员工遵守规则，不得逾越。久而久之，员工就会养成行为习惯，产生对职业纪律的心理认同，从而自觉遵守并维护职业纪律。所以，职业纪律是职业道德的制度化反映，是职业素养的外化要求。在一个纪律严明的企业，其员工的职业化程度一般较高，素养也会不同凡响。

案例讨论

1984 年 12 月 26 日，张瑞敏到青岛电冰箱总厂走马上任。第二天，他发布了 13 条规章制度，其中 4 条是：不准迟到早退，不准在上班时间打牌、下棋、睡觉，不准在车间随地大小便，不准将厂里的东西私自拿回家。没过几天，一名员工私拿厂里的东西，上午 10 点钟被抓住，11 点钟厂里就贴出布告：开除厂籍，留厂察看。这给当时的员工很大的震撼：新厂长的制度虽然简单，执行起来却很严厉。此后，这 13 条规章制度都得到了有效执行。

请结合上文讨论：

1. 张瑞敏上任后的 13 条规章制度说明了一个什么问题？又解决了一个什么问题？

2. 这和现在的海尔集团有着怎样的联系？

（2）优秀的企业管理促进员工优秀职业素养的养成

优秀的管理，重在调动员工的工作热情，自觉提升自己的职业素养，而优秀的企业也都有一套独特的以激励员工自我提升为核心的企业管理文化。海尔集团的"三工并存、动态转换"制度就是一个典范。

"三工并存"，是指海尔将全体员工分为优秀员工、合格员工、试用员工三个类别，分别享受不同的福利待遇。

"动态转换"，是指在严格绩效考核的基础上，对全体员工所处的类别按月进行调整：对业绩突出者向上调整为合格员工、优秀员工；对业绩下降或者违反职业纪律者向下调整为合格员工、试用员工，甚至退到企业内部的劳务市场待岗培训三个月后，再转为试用员工重新上岗。

案例讨论

> 海尔公司的检验处有位老员工，有一次由于工作疏忽，将一台应换侧板的冰箱盖上了周转章，转到了下道工序，造成损失 2000 元以上，按规定，他由合格员工转换成试用员工。这对他的震动很大，他拿出"三工"转换制度小本，一遍遍地向有关部门咨询可以上转的标准。在那之后的四个月中，他针对本岗位的薄弱环节，提出十几条合理化建议，其中有 2/3 被相关部门采纳，还在一次生产中及时发现并预防了上一班员工留下的质量隐患，避免了一次重大质量事故的发生。因此，按规定他又转换为合格员工。这位老员工接到通知书后，激动地说自己的努力没有白费，心里的一块大石头总算放下了，工作干劲也更大了。后来，他又以更大的贡献争取到了优秀员工的资格和岗位。
>
> 请结合上文分组讨论：
>
> 如果你是海尔的一名员工，你认同"三工并存、动态转换"的管理制度吗？为什么？

制度仅仅是一个环境，重要的是员工的自我修炼。当员工意识到职业的意义，意识到企业和员工休戚与共的关系时，在一定企业文化环境的熏陶下，良好的职业素养就会自然养成。

中国台湾管理专家余世维认为，企业与企业之间形成的差异，其最后的决定因素就是员工的素质。他在总结了许多杰出企业家的管理经验后得出一个结论：客户到企业里购买产品时，是先对企业的员工满意才决定买这个企业的产品的。所以，作为企业员工，必须时刻注意提升自身的素质修养。

（3）5S 管理与职业素养

5S 管理起源于日本，是当今世界上最成功的企业管理方法之一。在我国，该方法已被海尔集团等许多企业成功使用。5S 是指清理、整理、清洁、维持、素养五项内容，由于这五项内容的日语的罗马拼音均以"S"开头，因此这一管理方法被简称为 5S 管理。

清理：坚决清理不必要物品。将工作场所的物品区分为有必要的与没有必要的，除了有必要留下来的物品外，其余没必要的都应清除或放置在其他地方。清理的目的是腾出有效的使用空间，防止工作时误用或掩盖所需物件。

整理：合理放置必要物品。把留下来的必要物品分门别类地依规定位置定点定位放好，必要时加以统一标志。整理的目的是使工作场所的物品摆放清楚明了、一目了然，从而创造出整整齐齐的工作环境，减少或避免找寻物品而造成的时间浪费。

清洁：彻底清洁工作场所，防止污渍、废物、噪声的产生。清洁的目的是保持干净、明亮的工作环境，并杜绝污染源的产生，以保证员工心情愉悦。

维持：将上述 3S 实施步骤制度化、规范化，并辅以必要的监督、检查、奖励措施。维持的目的是通过强制性规定，培养员工正确的工作习惯，长期维持并保留以上 3S 成果。

素养：采取各种方式，使每位员工养成良好的职业习惯，并严格遵守企业规则，始终保持主动、积极、向上的工作态度和状态。素养是 5S 的精髓，因为没有优秀的员工，5S 就很难坚持下去；反之，5S 又能造就员工的优秀素养。

5S 管理的思路和目的简单而明确，它针对企业中每位员工的日常行为规范提出要求，倡导从小事做起，力求使每位员工养成事事"讲究"的习惯，从而为员工创造一个干净、整洁、舒适、合理的工作环境。

要真正做到5S是不容易的。但实施5S的过程，显然是一个塑造员工优秀素养的过程。因此，海尔集团董事局主席张瑞敏利用企业制度全力推行5S管理，并结合中国国情增加了一个"S"（安全：一切工作均以安全为前提），取得了显著的成效。

案例讨论

K公司是一家印刷企业。在竞争非常激烈的印刷市场上，公司决定与香港一家公司合作，上马全数字印刷项目。

谈判进行得比较顺利，但令K公司管理层没想到的是，在他们认为是鸡毛蒜皮的一些地方，双方出现了巨大的分歧。港商提出K公司必须首先引入"现代企业现场管理5S法"对公司环境进行整改，比如车间总是随意堆放着不同类型的纸张，角落里总是有废弃的油墨和拆下来的辊筒、丝网，工人的服装总是不够干净，生产过程中总有人在"寻找"各种工具……而公司办公室，随便打开一台电脑，到处是随意建立的文件目录，有些子目录和文件，除非打开，否则不知道里面到底是什么，最具讽刺意味的是，标识公司文化精髓的"视用户为上帝，视质量为生命"的横幅贴在墙上，落满了灰尘。

为了促成合作，K公司勉强同意将"5S"写进合同文本，认为这只是港方"小题大做"。但合同生效后几个月，港商只在"5S"管理上做文章。再次令K公司没想到的是，随着"5S"管理的深入，从公司管理层到基层员工都有了"一种脱胎换骨的感觉"，双方合作的全数字印刷项目也随之顺利开工。

请结合上文讨论：

为什么港商要将"5S"管理作为合作的先决条件？

💬 **拓展训练与测评**

　　良好的售后服务，是最好的促销，是树立企业口碑和宣传企业形象的重要途径。海尔集团在这方面做得最早，也做得最好。其服务模式深得消费者认可，也成为我国众多企业争相效仿的对象之一。下面是海尔的《售后服务规则》（节选），请认真阅读，从中提炼出海尔售后服务员工职业化的基本要求。

一、接受任务

　　1. 在接受上门服务任务时，首先要明确并保证用户信息准确。

　　2. 对用户信息进行分析。

　　(1) 根据用户反映的故障现象分析可能的故障原因、维修措施及所需备件。

　　(2) 此故障是否需要拉回修理？是否需要提供周转机？

　　3. 联系用户。

　　(1) 如果无法保证按约定时间上门，要向用户道歉，说明原因并改约时间，如果用户不同意，则将信息反馈给服务中心。

　　(2) 如果用户电话无人接听，应改时间再打，如果一直联系不上，要按地址上门，如果用户不在家，则留下留言条。

二、准备出发

　　1. 为防止物品带错或漏带，出发前要对工具包自检一遍。

　　2. 要确保到达时间比约定时间提前 5～10 分钟。

　　3. 若路上遇到塞车或其他意外情况，要提前电话联系并向用户道歉，在用户同意的前提下改约上门时间或提前通知服务中心改派其他人员。

三、正式服务前

　　1. 检查自己的仪容仪表。保证穿着海尔工作服，并且正规整洁、精神饱满、态度热情、面带微笑。

2. 敲门标准动作为连续轻敲两次,每次连续轻敲三下,有门铃的要先按门铃。5 分钟后,用户不开门则电话联系。

3. 进门。

(1) 首先进行自我介绍,确认用户,并出示上岗证。

(2) 若用户表示怀疑,应提供海尔的投诉、监督电话。

4. 穿鞋套,放置工具箱。

(1) 穿鞋套时,先穿一只鞋套,踏进用户家门,再穿另一只鞋套,踏进用户家门。特殊情况下可按用户的意见办理。

(2) 在靠近产品的合适位置,取出垫布铺在地上,然后将工具箱放在垫布上。维修时,将盖布盖在附近可能因维修而弄脏的物品上。

四、开始服务

1. 要耐心听取用户意见,消除用户烦恼。用语文明、礼貌得体,语调温和、悦耳热情,吐字清晰、语速适中。

2. 如果用户强烈要求维修人员休息、喝水、抽烟等,要婉言谢绝并认真讲解海尔的服务宗旨及服务纪律,取得用户理解。

3. 故障检修。

(1) 要按公司下发的相关技术资料,迅速排除产品故障。不能在用户家维修的,要向用户说明需拉回修理的理由,并提供周转机。

(2) 在用户家言行一定要规范。工具、工具包、备件等维修时用的物品或从产品上拆下的物品必须放在垫布上;尽可能不借用用户家的东西,特殊情况下如需借用,必须征得用户同意。

(3) 要保证产品修复正常,且无报修外的其他故障隐患。

(4) 试机通检后,要向用户告知产品的基本使用常识及保养常识,对于用户不会使用等常见问题要耐心进行讲解。用自带的干净抹布将产品内外擦干。

（5）维修完毕，要将产品恢复原位，抹净，并擦净地板，清理维修工具。

五、服务完毕

1. 征询用户意见。
2. 赠送小礼品及服务名片。

项目四　职业活动中的相关法律规范

💬 **项目概述**

《中华人民共和国劳动合同法》是规范劳动关系的一部重要法律，在中国特色社会主义法律体系中属于社会法。劳动合同在明确合同双方当事人的权利和义务的前提下，重在对劳动者合法权益的保护，为构建与发展和谐稳定的劳动关系提供法律保障。对于即将走向工作岗位的青年学生，学好劳动合同法，对我们今后的工作和生活是大有裨益的。

💬 **学习目标**

▶**能力目标**

提高学生学法、懂法、守法的能力，能用法律来维护自己的合法权益。

▶**知识目标**

了解劳动合同法的相关条款以及劳动争议处理的途径与方法。

▶**素质目标**

明确劳动法规在职业生涯中的作用，并在实践中努力提高自己的法律意识，增强自我保护能力。

任务一　劳动合同

劳动法具有保护劳动者的合法权益，调整劳动关系，建立和维护适应社会主义市场经济的劳动制度，促进经济发展和社会进步的作用。但是，至今社会上仍有许多人对劳动法的作用不甚了解，甚至认为劳动法可有可无。特别是在当前市场经济体制改革中，少数企业单位漠视劳动者的基本权利，不遵守劳动法律制度，情况相当严重。因此，有必要认真学习劳动法律制度，促使各方面重视劳动法。

 **任务情境**

"末位淘汰"解约违法　员工利益有保障了

相信不少已经参加工作的朋友，都经历过单位实行的竞争上岗或者末位淘汰。2016 年，最高人民法院发布《第八次全国法院民事商事审判工作会议（民事部分）纪要》，将"末位淘汰"单方解约纳入违法行为之中。这一规定出台后，很多人更能放心地在用人单位上班了。那么，具体情况到底是什么样的呢？

最高人民法院在上述文件的第 29 条明确指出，用人单位在劳动合同期限内通过"末位淘汰"或"竞争上岗"等形式单方解除劳动合同，劳动者可以用人单位违法解除劳动合同为由，请求用人单位继续履行劳动合同或者支付赔偿金。

分组讨论：

1. "末位淘汰"是否合法？

2. 即使有些公司与员工签订了"末位淘汰制"的书面约定，那么这种约定是否有效？

任务分析

根据最高人民法院发布的《第八次全国法院民事商事审判工作会议（民事部分）纪要》的要求，"末位淘汰"单方解约违法将极大地保障与用人单位签订了劳动合同的员工的利益。在我国，很多企业在进行考核管理的时候，都将"末位淘汰"和"竞争上岗"当作解雇员工的理由，企业管理者试图通过这种管理方法让企业在市场中处于有利的地位。但是，这一管理手段严重损害了员工的权益。

员工与用人单位签订了劳动合同，不能因为企业进行所谓的"末位淘汰"就轻易地和员工解约，这一行为本身就违反了劳动合同法。但早前我国并没有对这一事项有明确的规定和要求，也让很多用人单位钻了空子。而随着"末位淘汰"单方解约被纳入违法行为之中，相信用人单位将会更加重视劳动法等相关的法律法规。

相关知识

一、劳动合同的概念与种类

劳动合同是指劳动者与用人单位为确立劳动关系，明确双方责任、权利和义务而签订的协议。劳动合同是维护劳动者和用人单位双方权益的依据，对于保护劳动者的权益尤为重要。应聘者一旦被用人单位录用，首先就要与用人单位签订劳动合同。没有劳动合同，劳动者的合法权益就无法得到保障。

劳动合同按照有效期限的不同，可以分为有固定期限的劳动合同、无固定期限的劳动合同和以完成一定工作任务为期限的劳动合同三种。

有固定期限的劳动合同是指劳动合同双方明确约定合同有效的起始日期和终止日期的劳动合同。期限届满，合同即告终止。一般来讲，劳动合同的期限可以分为一年、两年、三年、五年等，具体期限由双方当事人协商确定。

无固定期限的劳动合同是指劳动合同双方只约定合同的起始日期，不约定合同终止日期的劳动合同。对于这种劳动合同，只要不出现法律规定或双方约定的事由，双方当事人就不得随意变更、终止和解除劳动关系。

以完成一定工作任务为期限的劳动合同是指用人单位与劳动者约定以某项工作的完成为合同期限的劳动合同。这种合同不明确约定合同的起止日期，而是以某项工作或工程完工之日为合同终止之时。它一般适用于建筑业，临时性、季节性的工作或由于其工作性质可以采取此种合同期限的岗位。

集体合同是《中华人民共和国劳动法》（以下简称《劳动法》）和《中华人民共和国劳动合同法》（以下简称《劳动合同法》）的一项特别规定。

企业职工一方与用人单位通过平等协商，可以就劳动报酬、工作时间、休息休假、劳动安全卫生、保险福利等事项订立集体合同。集体合同由工会代表企业职工一方与用人单位订立；尚未建立工会的用人单位，由上级工会指导劳动者推举的代表与用人单位订立。集体合同订立后，应当报送劳动行政部门；劳动行政部门自收到集体合同文本之日起十五日内未提出异议的，集体合同即行生效。

由于集体合同的签订需要工会或者职工代表的参与，所以劳动者可以获得更大的话语权；同时，集体合同需要劳动行政部门的审批，所以集体合同规定的劳动者权益能够事先得到政府部门的保护，劳动者获得的实际权利也往往会大于政府规定的最低标准，这是签订集体合同的优势。但是，如果用人单位违反集体合同，只能由工会与用人单位协商，协商不成再申请仲裁、提起诉讼，劳动者个人不能单独协商或者申请仲裁、提起诉讼。

案例讨论

小李在一家企业工作，试用期已满，因表现良好，企业与他签订了三年的集体合同。不幸的是，小李在一次体检中被查出患有先天性心脏病，不能再从事原来的工作了。因此，企业对小李做出了辞退的决定。

请结合上文讨论：

1. 用人单位能否辞退因病不能上班的员工？

2. 劳动者患病，医疗期结束后，用人单位可以解除劳动合同吗？

3. 假如你遇到类似小李这样的情况，你该怎么办？

二、劳动合同的签订

1. 劳动者的权利与义务

在与用人单位签订劳动合同前，劳动者应当明确自己都拥有哪些法定的权利和义务。这样，在签订劳动合同时才可以最大限度地用劳动合同来表达和保护自己的合法权益。根据我国《劳动法》及相关法律法规的规定，劳动者享有的法定权利主要有：

（1）取得劳动报酬的权利。用人单位应当按月以货币形式支付给劳动者本人工资，且数额不得低于当地政府所规定的最低月工资标准，不得无故拖欠或克扣。劳动者在正常工作时间外工作，应获得加班工资。其标准是：正常工作日加班的工资报酬应不低于平时工资的150%；休息日加班又未获得补休的，应获得不低于平时工资的200%；法定休假日加班的工资应不低于平时工资的300%。

关于劳务派遣，2012年修改后的《劳动合同法》（有关修改自2013年7月1日起施行）规定：被劳务派遣公司派遣到用工单位的劳动者享有与用工单位劳动者同工同酬的权利。用工单位应当按照同工同酬的原则，对被派遣劳动者与本单位同类岗位的劳动者实行相同的劳动报酬分配办法。用工单位无同类岗位劳动者的，参照用工单位所在地相同或相近岗位劳动者的劳动报酬确定。

（2）休息休假的权利。用人单位应保证劳动者每周至少休息一天，每天工作不应超过8小时，平均每周工作不应超过44小时。如果用人单位由于生产需要而延长工作时间，应与劳动者协商，每天最长不超过3小时。当然，如果发生下列情况之一，劳动者加班不受《劳动法》相关规定的限制：

①发生自然灾害、事故或其他原因，威胁劳动者生命健康和财产安全，需要紧急处理的；

②生产设备、交通运输线路、公共设施发生故障，影响生产和公众利益，必须及时抢修的；

③法律、行政法规规定的其他情形。

(3) 享受社会保险和福利的权利。我国现行法律规定的社会保险和福利主要指养老保险、医疗保险、失业保险、工伤保险和生育保险。其中，养老保险、医疗保险和失业保险由企业和个人各按一定比例共同缴纳保险费用；工伤保险和生育保险则完全由企业承担保险费用，个人不需缴纳。

另外，根据中华人民共和国人力资源和社会保障部颁布的《劳务派遣暂行规定》（自 2014 年 3 月 1 日起施行），劳务派遣单位跨地区派遣劳动者的，应当在用工单位所在地为被派遣劳动者参加社会保险，按照用工单位所在地的规定缴纳社会保险费。劳务派遣单位在用工单位所在地设立分支机构的，由分支机构为被派遣劳动者办理参保手续，缴纳社会保险费。劳务派遣单位未在用工单位所在地设立分支机构的，由用工单位代劳务派遣单位为被派遣劳动者办理参保手续，缴纳社会保险费。

(4) 获得劳动安全卫生保护的权利。例如，劳动者有了解生产作业场所和工作岗位存在的不安全因素和职业危害的权利，用人单位必须如实告知，并提供相应的劳动保护用品和防护措施。用人单位不得安排女职工在怀孕期间从事孕期禁止从事的劳动和重体力、高强度的劳动；对怀孕 7 个月以上的女职工，不得安排其加班和夜班劳动。

(5) 拒绝用人单位强令冒险作业的权利。对用人单位违章指挥、强令冒险作业的行为，劳动者有权拒绝，且用人单位不得因此而降低劳动者的工资福利待遇或解除与劳动者签订的劳动合同。劳动者发现直接危及人身安全的紧急情况时，可以停止作业或者采取可能的应急措施后撤离作业场所。

(6) 接受职业技能培训的权利。这里所说的职业技能培训是指用人单位对劳动者进行的一般培训。如果用人单位对劳动者提供专项培训，对其进行专门的专业技术培训，则可以通过订立协议约定劳动者在用人单位的服务期。

(7) 依法享受工伤社会保险的权利。用人单位不管自己主观上有无过错，都要对劳动者的工伤和职业病承担责任，这种责任不得通过合同约定免除或减轻，劳动者因生产安全事故、职业病受到损害时，除依法享有工伤社会保险外，还拥有依照民事法律相关规定，向用人单位提出赔偿要求的权利。

（8）提请劳动争议处理的权利。如果劳动者和用人单位就双方权利义务关系发生争议或纠纷，劳动者可以依法提请劳动争议仲裁。对仲裁裁决不服的，可以向人民法院提起诉讼。

案例讨论

2011 年 6 月，丁某到某物业公司担任保安，双方签订了劳动合同，约定合同期限自 2011 年 6 月 1 日起至 2012 年 5 月 31 日止。2012 年 5 月 8 日，该公司向丁某发出合同期满日终止劳动合同通知书，要求丁某于 2012 年 5 月 31 日前办理终止劳动合同手续，结算工资、经济补偿金等。丁某要求该公司付加班费遭拒绝，遂提请劳动争议仲裁并举证了值班记录、班次表等复印件。公司对丁某的加班证据予以否认，但没有提供相关证据。据此，法院判决该公司支付丁某加班费 3531.03 元。

根据我国相关法律规定，劳动者主张加班费，应当就加班事实的存在承担举证责任。但劳动者有证据证明用人单位掌握加班事实存在的证据，用人单位不提供的，由用人单位承担不利后果。本案中，丁某为证明加班事实举证了值班记录、班次表等复印件，证明公司应当掌握加班事实存在的证据，对此该公司不能证明原告不存在加班或已支付加班费的事实。所以法院确认丁某在被告单位工作期间存在加班的事实，判决公司支付加班费。

分组讨论：

1. 丁某如果对劳动者依法应当享有的权利不了解，他能否得到这笔加班费？

2. 通过这个案例我们可以得到哪些启示？

劳动者的权利就是用人单位的义务，需要在劳动合同中予以体现。劳动者在享受权利的同时，也要对用人单位履行相应的义务。我国《劳动法》规定的劳动者的义务主要有：第一，努力完成劳动任务；第二，遵守劳动纪律，维护用人单位的财产安全；第三，提高职业技能，执行劳动安全卫生制度。劳动者如果不能很好地履行义务，用人单位有权依法进行处理。

2. 劳动合同的内容

《劳动合同法》第十七条规定了劳动合同的内容，分为必备条款和约定条款两部分。对于必备条款，合同必须写明；对于约定条款，双方可以根据需要约定。

劳动合同的必备条款包括：

（1）用人单位的名称、住所和法定代表人或者主要负责人。

（2）劳动者的姓名、住址和居民身份证或者其他有效身份证件号码。

（3）劳动合同期限。如前文所述，其有固定期限、无固定期限和以完成一定工作任务为期限三种。如果是签订固定期限劳动合同，双方应约定一年、两年、三年、五年等具体有效时间。

（4）工作内容和工作地点。工作内容包括劳动者在劳动合同的有效期限内从事劳动的工种、岗位和应当完成的工作任务等。工作地点是指劳动者工作的具体地理位置。

（5）工作时间和休息休假。劳动合同须在国家法律规定的标准下，对劳动者的工作时间和休息休假做出约定。将工作时间和休息休假列为劳动合同的必备条款，是为了依法保障劳动者的工作权和休息权。

（6）劳动报酬。劳动报酬条款是在劳动者提供了正常劳动的情况下，用人单位应当支付的工资以及工资的支付方式等。

（7）社会保险。它包括养老保险、失业保险、医疗保险、工伤保险和生育保险。将社会保险作为劳动合同的必备条款，目的在于进一步明确双方的权利和义务。

（8）劳动保护、劳动条件和职业危害防护。指为保护劳动者在生产劳动过程中的安全与健康所必需的劳动防护措施、劳动环境和条件、职业危害预防和卫生保护等。

（9）法律、法规规定的应当纳入劳动合同的其他事项。

除必备条款外，用人单位与劳动者可以在劳动合同中约定试用期、培训、保密、补充保险和福利待遇等其他事项。

用人单位招聘求职者时往往需要一段时间的观察才能确定其是否称职，同时，员工也需要一段时间才能全面了解用人单位的情况以便决定是否对该单位做出最后的选择。正是基于这样的考虑，法律规定了试用期。《劳动合同法》规定，试用期是劳动合同的一部分，用人单位不得与劳动者单独签订试用合同。

《劳动合同法》第十九条规定，"劳动合同期限三个月以上不满一年的，试用期不得超过一个月；劳动合同期限一年以上不满三年的，试用期不得超过二个月；三年以上固定期限和无固定期限的劳动合同，试用期不得超过六个月"，而"以完成一定工作任务为期限的劳动合同或者劳动合同期限不满三个月的，不得约定试用期"。

案例讨论

小李在公司从事数控机床操作，合同期为一年。其间，公司发现小李不但操作技术好，而且擅长机床的养护和维修，因此将小李调任车间机床维修工。在续签劳动合同时，公司告知小李，工作岗位变动了，小李是否真正适合做维修工还需考察，所以在这份为期三年的合同中又约定了六个月的试用期。

分组讨论：

你认为小李是否应该在这份劳动合同上签字？为什么？

3. 劳动合同的订立

订立劳动合同，应当遵循合法、公平、平等自愿、协商一致、诚实守信的原则。只有依法订立的劳动合同，才具有法律效力。违反法律、法规强制性规定的劳动合同，违反平等自愿的原则，采取欺诈、胁迫的手段或乘人之危，使对方在违背真实意思的情况下订立的劳动合同，用人单位免除自己的法定责任、排除劳动者权利的劳动合同，都是无效或部分无效的。

订立劳动合同时，用人单位应如实告知劳动者工作内容、工作条件、工作地点、职业危害、安全生产状况、劳动报酬，以及劳动者要求了解的其他情况；同时，用人单位也需要了解劳动者与应聘职业岗位和劳动合同直接相关的基本情况，劳动者也有如实告知的义务。

我国《劳动合同法》规定，订立劳动合同应当采用书面形式。书面劳动合同最大的优势在于严肃慎重、准确可靠，一旦发生争议，便于查清事实、分清是非。口头合同随意性较大，容易发生纠纷，且难以举证，不利于劳动者合法权益的保护。

为此，《劳动合同法》做了约束性的规定：用人单位自用工之日起超过一个月不满一年未与劳动者订立书面劳动合同的，应当向劳动者每月支付两倍的工资；用人单位自用工之日起满一年不与劳动者订立书面劳动合同的，视为与劳动者已订立无固定期限劳动合同。

还应注意的是，《劳动合同法》明确规定，禁止用人单位要求劳动者提供担保、扣押劳动者证件或以其他名义向劳动者收取财物。

案例讨论

刚满 20 岁的小章到一家公司工作，担任仓库管理员一职，但未与公司签订劳动合同。次年，该公司以"违反公司纪律"为由将其辞退，结束了双方之间的劳动关系。被辞退当月，小章就向所在地劳动争议仲裁委员会申请仲裁，要求公司支付未签订劳动合同期间的双倍工资。仲裁裁决支持了其要求双倍支付工资的请求。

该公司向人民法院提起了诉讼，一审判决后又向所在市的第二中级人民法院提起了上诉。公司称小章到公司工作期间，公司曾向其发过聘用书，聘用书上记载了其薪资结构、报到时间等内容，这份聘用书等同于劳动合同。经审理，二审法院维持了一审法院的判决，判令公司向小章支付未签订劳动合同期间的双倍工资。

请结合上文分组讨论：

小章的请求为什么能得到劳动争议仲裁委员会和人民法院的支持？

三、劳动合同的解除与终止

1. 劳动合同的解除

劳动合同的解除是指劳动合同订立后尚未全部履行，由于某种原因劳动合同一方或双方当事人使劳动合同效力提前停止的法律行为。

解除劳动合同的最常用方式是双方经协商一致同意解除合同。协商解除不需要双方的事先约定或法律规定，只要双方愿意即可。

劳动者在协商解除劳动合同时应当注意：解除劳动合同如果是自己首先提出的，则用人单位可以不用支付补偿金；而如果是用人单位首先提出的，则用人单位需要支付补偿金。对于协商解除劳动合同的权利和责任，要以书面形式确定下来，以免解除劳动合同后产生纠纷。

> **案例讨论**
>
> 小刘因违章操作给企业造成了轻微的损失，生产主管向人力资源部提出要与小刘解除劳动合司。但根据企业规章制度，小刘的过错还没有达到要辞退的程度。迫于生产主管的压力，公司经理同意解除劳动合同。人力资源主管找到小刘，和他协商解除劳动关系。
>
> **请结合上文讨论：**
>
> 假如你是小刘，你准备怎么做？

具备法律规定的条件时，劳动者可以单方解除劳动合同。

一是在试用期内，劳动者提前三日通知用人单位，无须用人单位同意即可解除劳动合同。之所以规定提前三日通知，是为了避免企业因劳动者当天通知而措手不及，从而在一定程度上保证了企业生产经营的连续性。

二是在非试用期内，劳动者需提前三十日以书面形式通知用人单位。这是劳动法赋予劳动者自主选择职业的权利，是劳动者的一项基本权利，通常将其称之为"辞职权"。

在合同期内，如果用人单位违反了相关法律规定，比如未按照劳动合同约定提供劳动保护或者劳动条件、未依法为劳动者缴纳社会保险费等，劳动者可以随时通知用人单位解除劳动合同。

如果用人单位侵犯了劳动者的合法权益，导致劳动者可以解除劳动合同的，则要支付补偿金。

当然，用人单位也可以单方面解除劳动合同。用人单位解除劳动合同，必须符合法律规定的情况。

一是由于劳动者方面的原因。如在试用期内被证明不符合录用条件的；严重违反用人单位规章制度的；严重失职，营私舞弊，给用人单位造成重大损害的；同时与其他用人单位建立劳动关系，对完成本单位工作任务造成严重影响的；等等。

如果劳动者没有过失，但出现下列情况，用人单位也可以解除劳动合同，这些情况包括：劳动者患病或者非因工负伤，在规定的医疗期满后不能从事原工作，也不能从事由用人单位另行安排的工作的；劳动者不能胜任工作，经过培训或调整工作岗位，仍不能胜任工作的；劳动合同订立时所依据的客观情况发生重大变化，致使劳动合同无法履行，经用人单位与劳动者协商，未能就变更劳动合同的内容达成协议的。在这些情况下，用人单位解除劳动合同，应当提前三十日以书面形式通知劳动者本人，或者额外向劳动者支付一个月的工资。

二是由于用人单位方面的原因。如依照企业破产相关法律规定进行重整或者生产经营发生严重困难等，企业可依法进行裁员。

如果劳动者没有过失而用人单位单方面解除劳动合同，或用人单位基于自身情况变化单方面解除劳动合同，用人单位应当向劳动者支付补偿金。

用人单位违法解除劳动合同，须承担相应的法律责任。

案例讨论

大学女教师患癌后被开除　看劳动法对患病职工有哪些保护

2016年8月，"兰州交通大学博文学院英语老师刘伶利患癌症被学校开除，法院判决未履行"的报道引发广泛关注。8月19日，兰州交通大学校方回应，正在联系家属，协商解决此事。

刘伶利的遭遇让无数人唏嘘不已，患病本身就令人难过，若单位再如此绝情，则无异于雪上加霜。那么，从法律角度讲，单位是否可以开除患病职工，患病职工享有哪些权益呢？

专家认为，劳动法及相关法律对于患病职工的权益保障规定得非常清楚，但有些单位明知故犯，它们应该赔偿给职工造成的损失。

刘伶利2012年硕士毕业后成了兰州交通大学博文学院的一位老师，查出身患卵巢癌的消息后，因为要到北京治疗，刘伶利向她所供职的学校请了一个学期的假。

最初，学校还不知道她的具体病情。2015年1月13日，刘伶利的妈妈去学院说明了具体病情。然而1月19日，学院印发了将她开除的文件，原因是"自2014年12月1日起旷工至今"。

专家解释，患癌职工有两年的医疗期，在医疗期内，单位不得解除劳动合同。

兰州交通大学博文学院的行为显然违法，应该尽快为刘伶利补发工资、补缴社保，因为医疗保险未连续缴纳导致的不能在医保中心报销的部分，由学校负责。

因为无法接受被学校开除，2015年5月，刘伶利向学校所在地的榆中县人民法院提起诉讼。2015年10月20日，榆中县人民法院作出判决：被告兰州交通大学博文学院《关于开除刘伶利等同志的决定》无效，双方恢复劳动关系。博文学院不服一审判决，向兰州市中级人民法院提起上诉。兰州市中级人民法院作出的二审判决维持了原判。

患病职工享有医疗期，在医疗期内享有病假工资，用人单位不得解除或者终止劳动关系，社保由用人单位继续缴纳。

此外，权利被侵害，当事人可以通过工会维权。工会既包括单位工会，也包括各级工会组织。当事人还可以以法律为武器提起劳动仲裁、诉讼等，维护自身权利。

请结合上文分组讨论：

1. 作为一名职工，当我们患病时享有哪些法律规定的权益？

2. 当我们的上述权益被单位侵害时，应该如何维权？

2. 劳动合同的终止

劳动合同的终止是指劳动合同期满，或者双方约定的劳动合同不再履行的条件出现，劳动合同法律效力终结的情况。《劳动合同法》规定的劳动合同终止的具体情况包括：（1）劳动合同期限届满。这主要是针对有固定期限的劳动合同和以完成一定工作任务为期限的劳动合同而言的。（2）劳动者开始依法享受基本养老保险待遇。（3）劳动者死亡或者被人民法院宣告死亡或者宣告失踪。这意味着劳动者从劳动合同主体上消失。（4）用人单位被依法宣告破产，被吊销营业执照、责令关闭、撤销，或者用人单位决定提前解散。（5）法律、法规规定的其他情形。

应注意的是，劳动合同期限届满时，如果劳动者在医疗期、孕期、产期和哺乳期内，劳动合同的期限应自动延续至医疗期、孕期、产期和哺乳期期满为止。

劳动合同终止，意味着劳动合同双方的劳动关系已经结束。此时，用人单位应当依法办理终止劳动合同的有关手续。

💬 **拓展训练与测评**

下面是由中华全国总工会普及法律常识办公室和工人日报社共同举办的全国职工《劳动合同法》知识竞赛赛题,且全部为单项选择题。让我们也进行一次竞赛,看看谁对《劳动合同法》了解得更多。

(1) 订立劳动合同,应当遵循合法、( )、平等自愿、协商一致、诚实信用的原则。

A. 公道 B. 公认 C. 公开 D. 公平

(2) 用人单位自 ( ) 之日起即与劳动者建立劳动关系。

A. 用工 B. 签订合同

C. 上级批准设立 D. 劳动者领取工资

(3) 用人单位招用劳动者,( ) 扣押劳动者的居民身份证和其他证件,不得要求劳动者提供担保或者以其他名义向劳动者收取财物。

A. 可以 B. 不应 C. 应当 D. 不得

(4) 已经建立劳动关系,未同时订立书面劳动合同的,应当自用工之日起( )内订立书面劳动合同。

A. 十五日 B. 一个月

C. 两个月 D. 三个月

(5) 用人单位直接涉及劳动者切身利益的规章制度违反法律、法规规定的,由劳动行政部门( );给劳动者造成损害的,依法承担赔偿责任。

A. 责令改正,给予警告

B. 责令改正

C. 责令改正,情节严重的给予警告

D. 给予警告

(6) 劳动合同被确认无效,劳动者已付出劳动的,用人单位( )向劳动者支付劳动报酬。

A. 可以 B. 不必 C. 应当 D. 不得

（7）劳动者提前（　　）日以书面形式通知用人单位，可以解除劳动合同。

A. 三　　　　　B. 十　　　　　C. 十五　　　　　D. 三十

（8）用人单位自用工之日起超过一个月不满一年未与劳动者订立书面劳动合同的，应当向劳动者每月支付（　　）倍的工资。

A. 一　　　　　B. 二　　　　　C. 三　　　　　D. 四

（9）集体合同由（　　）代表企业职工一方与用人单位订立

A. 工会　　　　　　　　　B. 职工代表大会

C. 监事会　　　　　　　　D. 股东代表大会

（10）（　　），用人单位不必向劳动者支付经济补偿。

A. 用人单位被依法宣告破产的

B. 劳动者主动向用人单位提出解除劳动合同，并与用人单位协商一致解除劳动合同的

C. 被吊销营业执照的

D. 被责令关闭、撤销的

（11）用人单位违法不与劳动者订立无固定期限劳动合同的，自应当订立无固定期限劳动合同之日起向劳动者每月支付（　　）倍的工资。

A. 一　　　　　B. 二　　　　　C. 三　　　　　D. 四

（12）劳动合同依法被确认无效，给对方造成损害的，（　　）应当承担赔偿责任。

A. 用人单位　　　　　　　B. 有过错的一方

C. 劳动者　　　　　　　　D. 工会

（13）劳动者在同一用人单位连续工作满（　　）年后提出与用人单位订立无固定期限劳动合同的，应当订立无固定期限劳动合同。

A. 三　　　　　B. 五　　　　　C. 八　　　　　D. 十

（14）同一用人单位与同一劳动者只能约定（　　）次试用期。

A. 一　　　　　B. 二　　　　　C. 三　　　　　D. 四

（15）经济补偿按劳动者在本单位工作的年限，每满一年按（　　）工资的标准向劳动者支付。

A. 半个月　　　　　　　　B. 一个月

C. 一个半月　　　　　　　D. 两个月

扫描二维码，
查看答案

任务二　劳动争议与维权

📩 任务情境

　　张海超，河南省新密市人。他于 2004 年 6 月到郑州振东耐磨材料有限公司上班，先后从事过杂工、破碎、开压力机等对身体健康有害的工作。工作 3 年多后，他被多家医院诊断为尘肺，但企业拒绝为其提供相关资料。在向上级主管部门多次投诉后他得以被安排做相关鉴定，郑州市职业病防治院（原郑州市职业病防治所）却为他做出了"肺结核"的诊断。为寻求真相，这位 28 岁的年轻人只好跑到郑州大学第一附属医院（以下简称"郑大一附院"），要求"开胸验肺"，以此悲壮之举揭穿了谎言。其实，在张海超"开胸验肺"前，郑大一附院的医生便对他坦言："凭胸片，肉眼就能看出你是尘肺。"

　　这个真实的故事令人心碎。张海超的被迫自救，更像在拿健康甚至生命冒险，赌自己没病（肺结核），而是社会（郑州市职业病防治院）有病（"误诊"）。郑大一附院的诊断也证明张海超对自己病情的主张是正确的。不幸的是，由于无权做职业病鉴定，该院的诊断只能作为参考，一切还要看郑州市职业病防治院是否会"持之以恒"地继续"误诊"。据说，在开胸后，张海超曾找过新密市信访局，得到的答复是他们只认郑州市职业病防治院的鉴定结论。

　　2009 年 7 月 26 日，在卫生部专家的督导之下，郑州市职业病防治院再次组织省、市专家对张海超的职业病进行了会诊，明确诊断为"尘肺病Ⅲ期"。张海超被认定为工伤，并提请了伤残鉴定。有关责任人受到了处理。

　　2009 年 9 月 16 日，张海超向记者证实，由于众多部门的关注，9 月 15 日其所在单位已经和他签订了赔偿协议，由该单位赔偿他医疗费、护理费、一次性伤残补助等各项费用共计 61.5 万元。张海超与该单位解除了劳动关系。

在张海超获得赔偿的同时，他的四名工友也得到了赔偿。

2013 年，张海超因尘肺患上气胸，换肺可能是唯一的希望。同年 6 月 28 日，张海超在无锡成功换肺。

2016 年 5 月，张海超走上了一条帮助尘肺病人维权的道路，创办了"张海超尘肺病防治网"。

分组讨论：

1. 为什么张海超"开胸验肺"会引起强烈的社会反响？

2. 为什么张海超最终能得到一定的经济补偿？

任务分析

张海超"开胸验肺"的案例，描述了工人张海超艰难的维权之路。

试用期期间，企业没有依法缴纳工伤保险，员工发生工伤事故怎么办？员工与企业就加班工资发生争议了怎么办？企业不与员工签订劳动合同，工资又该怎么给？这些都涉及劳动争议和维权。

根据《中华人民共和国劳动争议调解仲裁法》（以下简称《劳动争议调解仲裁法》），用人单位与劳动者因确认劳动关系、辞退、离职、休息休假、社会保险、福利、劳动报酬、工伤医疗费、经济补偿等发生争议时，可先与用人单位协商，或请工会或第三方共同与用人单位协商，达成和解协议。

若协商不成或达成和解协议后不履行的，可以向调解组织申请调解；调解不成或调解后不履行的，可向劳动争议仲裁委员会申请仲裁；对仲裁裁决不服的，可向人民法院提起诉讼。

相关知识

一、什么是劳动争议

劳动者在工作过程中经常会因为各种原因和用人单位产生矛盾，当某些矛盾激化到一定程度时，便产生了劳动争议。

劳动争议又叫劳动纠纷，是指劳动关系双方当事人因实现劳动权利和履行劳动义务而引起的争议。

在劳动者和用人单位之间发生的争议中，并不是所有的争议都属于劳动争议。对此，我国《劳动争议调解仲裁法》规定了属于劳动争议的事项。也就是说，只有符合下列规定的争议，劳动者才能够得到劳动法的特别保护：

(1) 因确认劳动关系发生的争议。

(2) 因订立、履行、变更、解除和终止劳动合同发生的争议。

(3) 因除名、辞退和辞职、离职发生的争议。

(4) 因工作时间、休息休假、社会保险、福利、培训以及劳动保护发生的争议。

(5) 因劳动报酬、工伤医疗费、经济补偿或者赔偿金等发生的争议。

(6) 法律、法规规定的其他劳动争议。比如因履行集体合同发生的争议等。

值得注意的是，劳动争议是发生在劳动关系双方当事人之间的争议，没有劳动关系的存在，劳动争议就失去了前提。正因为如此，劳动者被用人单位录用时，一定要订立书面劳动合同，而且要注意劳动合同条款是否合法，以备在发生劳动争议时作为维护自身合法权益的依据。如果由于某种原因没有订立书面劳动合同，但劳动者实际已为用人单位提供了劳动，形成了事实上的劳动关系，发生争议时也要尽量提供存在事实劳动关系的依据，如工资支付单、考勤卡、工作证等，以最大限度地争取法律保护。

案例讨论

小王从职业高中家政服务专业毕业后，通过职业介绍所来到了一个私营企业主家里从事家政服务。平时的主要工作就是从事家务劳动。因为她的计算机应用技术不错，这个企业主就经常将公司里的一些文件带回来叫小王帮着录入、整理，却从不另外支付报酬。为此，小王在协商不成的情况下，向劳动部门投诉。

分组讨论：

你认为劳动部门会受理小王的投诉并支持小王的请求吗？请尝试说明理由。

二、劳动争议处理的途径与方法

劳动争议发生后，可以按照协商、调解、仲裁、诉讼的途径进行维权。当然，也包括对用人单位的违法行为进行投诉和举报。

1. 协商

劳动争议发生后，可先由争议双方当事人自己协商，协商得出一致结果后，双方按照达成的和解协议自觉履行。但协商不是处理劳动争议的必经程序，达成的协议对双方也无法律约束力，若双方不愿协商或协商不成，可以申请调解。

2. 调解

劳动争议发生后，当事人不愿协商、协商不成或者达成和解协议后不履行的，可以书面形式或口头形式向调解组织提出调解申请。调解组织接到申请后，依据自愿、合法的原则进行调解。我国《劳动争议调解仲裁法》规定的调解组织有：企业劳动争议调解委员会，依法设立的基层人民调解组织，以及在乡镇、街道设立的具有劳动争议调解职能的组织。

经调解，劳动者与用人单位达成协议的，应当签订调解协议书。调解协议书由双方签名或者盖章，经调解员签名并加盖调解组织印章后生效，对双方当事人具有约束力，当事人应当履行。

因支付拖欠劳动报酬、工伤医疗费、经济补偿或者赔偿金事项达成调解协议，用人单位在协议约定期限内不履行的，劳动者可以持调解协议书依法向人民法院申请支付令。

3. 仲裁

发生劳动争议，当事人不能调解、调解不成或者达成协议后不履行的，可以向劳动争议仲裁委员会申请仲裁。《劳动争议调解仲裁法》明确规定，自劳动争议调解组织收到调解申请之日起十五日内未达成调解协议的，当事人可以依法申请仲裁。

劳动争议仲裁委员会是劳动争议的仲裁机构。它是由国家授权，依法独立地对劳动争议进行仲裁的专门机构。我国在县、市、市辖区设立劳动争议仲裁委员会，负责仲裁本行政区域内发生的劳动争议。

仲裁是我国法律规定的处理劳动争议的法定程序，具有法律强制力，也就是说，劳动者一旦与用人单位发生劳动争议，不但可以直接向用人单位所在地的劳动争议仲裁委员会申请仲裁，而且裁决生效后，一方如果不执行，另一方可向人民法院申请强制执行。

4. 诉讼

当事人对仲裁裁决不服的，可以自收到仲裁裁决书之日起十五日内向人民法院提起诉讼。法院审理是劳动争议处理的最终程序，需注意的是，仲裁是人民法院处理劳动争议的前置程序，人民法院不直接受理没有经过仲裁程序的劳动争议案件。劳动者与用人单位发生劳动争议，需先通过仲裁。对仲裁结果不服的，才可以向人民法院提起诉讼。

对劳动争议仲裁委员会不予受理或者逾期未作出决定的仲裁申请，申请人可以就该劳动争议事项向人民法院提起诉讼。

劳动争议一旦进入诉讼程序，就实行二审终审制。但法律规定，劳动争议案件不是行政案件，诉讼当事人应为劳动者和用人单位，劳动争议仲裁委员会不应当成为被告。

拓展训练与测评

一、阅读下面的案例，然后就案例所呈现的案情和裁决所依据的法理，召开一次研讨会，主题为"两个劳动争议案例给我们的启示"。

| 案例一 |

员工遭欠薪，直接找法院

周先生在上海一家房地产开发公司任副总12年。在其任职的最后一年，已拖欠周先生工资两年多的公司，写下一份承诺书，承诺在当年4月4日前支付周先生工资，共计20万元。但到期后，由于公司无意支付，周先生向区人民法院提出支付令申请。法院在立案后第四天即发出支付令：公司自收到支付令之日起 15 日内，支付周先生 20 万元工资及相关诉讼费用。

《中华人民共和国劳动合同法》（以下简称《劳动合同法》）适用条款及意义：《劳动合同法》将民事诉讼中的支付令制度引入劳动争议，第三十条规定"用人单位拖欠或者未足额支付劳动报酬的，劳动者可以依法向当地人民法院申请支付令，人民法院应当依法发出支付令"。因此，劳动者无须经过劳动争议仲裁前置程序，就可以直接向法院申请支付令。

| 案例二 |

学历造假，劳动合同无效

几年前，徐女士持伪造的复旦大学双学士学历证件，与上海某高科技园区内的一家公司签订了劳动合同，约定月薪 9000 元，后增加到 13000 元。2007 年 2 月，公司提出解除劳动合同，约定支付徐女士相当于 4 个月工资的经济补偿金和因未提前三十日通知解除合同的一个月的额外补偿费用，共计 65000 元。8 月，徐女士提请劳动争议仲裁，要求公司支付竞业限制补偿金 22 万余元。9 月，公司得知徐女士的学历纯属伪造，遂向劳动争议仲裁委员会提起反诉，要求徐女士向公司返还经济补偿金和多得的工资，并赔偿公司经济损失。2008 年 5 月，上海市第一中级人民法院就本案作出终审判决：徐女士返还公司经济补偿金及部分多得的工资，并赔偿经济损失，合计 7 万余元。

《劳动合同法》适用条款及意义：《劳动合同法》首次明确劳动合同订立中的知情权问题，第八条规定当用人单位行使知情权时，劳动者有如实告知义务。因此，本案中徐女士伪造学历，属于《劳动合同法》第二十六条规定的采取欺诈手段使对方在违背真实意思的情况下订立劳动合同的情形，劳动合同自始无效。

二、请认真阅读下列因违反劳动合同而引发的劳动争议案例，并分组讨论，我们应该如何保护自己的合法权益？

1. 因劳动合同的签订引发的劳动争议

| 案例一 |

单位发出 offer 后是否可以反悔

季某是成都某公司的技术总监。北京一家公司招聘技术副总裁，季某经过网上视频面试，北京这家公司正式向季某发出 offer（录取通知），通知其国庆节后即来北京报到。季某为此很高兴，请亲朋好友多次聚会，花费上万元。国庆节后季某刚到北京，公司就宣布撤回 offer，原因是该职位已经有更合适的人员。季某大为恼火，向劳动仲裁委提起仲裁，要求该公司履行与自己的劳动合同。

案例分析：北京这家公司的做法非常不妥，有违诚信的市场原则，但是从劳动法的角度分析，季某的主张不会得到支持。单位发出 offer，应视为要约邀请，双方没有签订劳动合同，劳动关系还没有建立。offer 不等于劳动合同，这一点是确定无疑的。

2. 因劳动合同的解除引发的劳动争议

| 案例二 |

到底是辞职还是解雇？

曾某是单位的主管，工作能力一般，与同事相处也不太和谐。人力资源总监与曾某谈话，要求其自动离职，并且手写一份辞职申请书。曾某写完辞职申请书并办完离职手续后，非常后悔，认为自己被单位"算计"了。于是向劳动仲裁委申请仲裁，要求单位支付违法解除劳动合同的经济赔偿金。而单位称曾某是自己提出离职的，有辞职申请书为证。

案例分析：本案看似复杂，其实关键一点是用人单位提出解除劳动合同的动议，劳动者同意了，双方属于协商一致解除劳动合同。辞职申请书只是一个表象。本案既不是辞职，也不是解雇，而是双方协商一致解除劳动合同。

　　进一步讲，本案的关键在举证。如果曾某能举证证明人力资源总监的谈话内容，则不应认定为协商一致；如果不能举证，那么辞职申请书就具有强大的证明力，足以证明是劳动者自动离职。

　　3. 因劳动合同的终止引发的劳动争议

| 案例三 |

约定终止条件出现，企业终止劳动合同无效

　　魏某（女）与单位的劳动合同即将到期时，单位提前一个月发出不予续签通知书。在单位支付了经济补偿金后，双方解除了劳动合同。但是几天后，魏某发现自己已经怀有身孕，遂要求与单位继续履行劳动合同。单位称双方劳动合同已经解除，并且也支付了经济补偿金，劳动合同不可能继续履行。

　　案例分析：《劳动合同法》有明确规定，女职工在"三期"（孕期、产期、哺乳期）以及劳动者在医疗期等，如遇劳动合同到期，则劳动合同自动顺延至上述期限届满。本案中，魏某在单位办理离职手续期间已经怀孕，实际上此时劳动合同并没有到期，单位以劳动合同到期而不予续签是缺乏法律依据的，因此劳动合同的解除也是没有法律效力的。双方劳动关系仍然存在，魏某有权回单位上班，并享受相应的孕期待遇。

　　进一步说，女职工的"三期"以及医疗期等可以改变劳动合同期限，使其延长，可以使劳动合同到期终止变得没有法律效力，但是这些期间不能对抗《劳动合同法》第三十九条规定的过错性解除，即如果劳动者严重违反规章制度，即使正处于医疗期，用人单位也可以解除劳动合同。

　　4. 因调岗调薪引发的劳动争议

| 案例四 |

岗变薪不变，员工拒绝到新岗位报到被企业辞退

　　陈某是所在公司的技术总监，在公司的北京总部工作。公司因为业务发展

需要，在南京设立了分公司。人力资源负责人和陈某协商，希望调陈某至南京分公司任副总经理。陈某认为公司将自己调往南京，是想把自己支走，因此不同意。双方发生争议，诉至劳动仲裁委。

案例分析：劳动合同履行地点是劳动合同的重要条款。公司将陈某调往外地，是对劳动合同条款的变更，双方应遵循协商一致的原则。本案双方已诉至劳动仲裁委，可以预见陈某将胜诉。除非双方达成一致意见，否则陈某将继续在北京总部工作。

公司的快速多元化发展，使在各地设立分公司，并派驻总部人员常驻是常有的事。但从法律角度来看，公司与员工之间应遵循协商一致原则妥善处理此类事项。

5.因劳动报酬引发的劳动争议

| 案例五 |

设计师昼夜加班，离职时索要加班费

A公司是一家广告公司，该公司上班和下班都不打卡，只是每天由专人记录出勤情况。黄某是公司的首席平面设计师。因公司业务量扩大，黄某经常在6点下班之后仍留在办公室工作，加班到晚上10点是常有的事。黄某离职时，在向单位索要延时加班费遭拒绝后，申请劳动仲裁。黄某的请求能否得到支持？

案例分析：该案中黄某的请求能否得到支持的关键是看双方的举证质证情况。如果黄某能够证明存在加班及加班时间等，其加班费请求就能获得支持；如果不能证明自己的加班事实，其请求就不会获得支持。因为劳动者主张延时加班，是要由劳动者举证的。

由于岗位需要，广告公司的设计人员一般是晚上工作，并且每天实际工作时间是超过8小时的。因此比较稳妥的方法是申请综合工时制，这样就不存在延时加班等情形。当然，劳动者主张延时加班，是要由劳动者举证的。这些证据包括与会人员签名的会议记录、在延长时间内完成的工作并有相应记录、证人证言（效力较弱）、往来收发的邮件等等。

| 案例六 |

客户毁约，离职销售员索要提成工资

白某是一家培训公司的销售人员，成功促成培训公司与某事业单位的签单事宜。该培训公司与事业单位的合同约定总款项为 30 万元，分 3 个月支付。根据培训公司的提成制度，当月回款额的 5% 作为提成向白某发放。

合同签订后，白某因为身体原因而提出离职，并办理了离职手续。但是后来，事业单位解除了与培训公司的培训合同。白某得知后，认为自己在职时签下此单，根据规章制度公司应支付提成，至于该合同什么时候履行，则不关自己的事情。

案例分析：本案的关键就是提成制度的效力以及执行的问题。只要该制度经过民主程序讨论协商或者公示并有劳动者签字，同时内容合理合法，就是有效的。本案中的提成制度明确规定，支付提成的前提是当月有回款，而不是签订合同就支付，所以白某的要求是不会得到支持的。

6. 因日常管理引发的劳动争议

| 案例七 |

员工拒不交接工作，却反诉企业拖欠工资

岳某的劳动合同即将到期，单位不打算续签。在单位向其发出不予续签通知书后，岳某表示反对，称自己找不到其他工作。于是在劳动合同到期之后，岳某仍然每天来上班，并且每天在公司门口，拿一份当天的报纸拍照，以证明自己每天来上班。岳某为人蛮横，公司同事都不愿招惹。此状况一直持续了两个月之久。鉴于岳某每天都来，公司也支付给他工资。后单位向其发出解除劳动合同通知书，称自×月×日起将不再支付工资。岳某随即向劳动仲裁委申请仲裁，要求单位支付双倍工资、经济赔偿金等。

案例分析：劳动合同到期，用人单位完全有权利不续签。面对个别劳动者的蛮横无理，用人单位应采取法律手段来保护单位的利益。

本案中，岳某每天来上班，单位还支付工资，双方形成事实劳动关系。该事实劳动关系相当于原劳动合同的续签，因此用人单位不仅要支付一个月的双倍工资，在发出解除通知书后还应支付经济赔偿金。

劳动者拒不交接工作时，用人单位应及时停发工资，停止缴纳社保，谨防因为拖延而形成事实劳动关系。

项目五　公共生活中的相关法律规范

💬 **项目概述**

公共生活涉及方方面面，良好的社会治安环境的形成和维护，既需要社会公众的共同努力，也需要国家制定相应的法律法规进行规范引导。《中华人民共和国治安管理处罚法》对社会公共生活中各种违法行为进行了较为全面的规范，对各种扰乱公共生活的行为及其责任做出了明确规定。本项目以公共生活中经常发生的扰乱公共秩序的行为、侵犯他人人身权利和财产权利的行为为例，重点介绍相关法律对此类行为的规定，帮助学生正确认识相关行为的危害性和应承担的法律后果，引导其自觉、积极、主动地参与到维护良好社会公共生活秩序的实践中去。

💬 **学习目标**

▶**能力目标**

学会分析违法行为的危害和违反治安管理行为要承担的法律责任，自觉依法规范自己的行为。

▶**知识目标**

了解违反治安管理的四类行为以及对违反治安管理行为的处罚方式。

▶**素质目标**

提高学生的法律意识，让学生懂得违反治安管理的行为要受到法律处罚，感受违法带来的危害，增强对法律的认同与守法意识。

任务一 扰乱公共秩序的行为

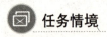 **任务情境**

文化、体育等大型群众性活动的公共秩序

在 2006 年中国足球超级联赛的揭幕战——重庆力帆队与辽宁中誉队的比赛中，连续两年在联赛积分榜垫底的力帆队以 2∶1 击败对手，久违的胜利让球队和球迷狂喜不已。50 岁的重庆知名球迷陈文武在比赛刚结束时冲进球场，想与球队共同庆祝，但 3 名球场保安人员迅速赶来，将他带离现场。

分组讨论：

1. 陈文武的做法是否合法？

2. 他的行为受《中华人民共和国治安管理处罚法》的约束吗？

任务分析

在公共生活中，由于个人的行为会影响他人的生活，因此有很多约束个人行为的公共生活规则。其中，法律是最权威的规则，它既有国家强制性，又有普遍约束力；它不仅确认具有法律约束力的公共生活准则，引导人们自觉守法，自觉维护公共生活的正常秩序，而且通过制裁破坏公共秩序的违法行为，强制人们遵守社会公共生活准则。只有政府、社会和公民都具有明确的公共生活规范意识，并自觉地遵守公共生活准则，才能建立起和谐的现代生活方式。要充分认识法律规范在公共生活中的作用，树立崇尚法律的理念，在公共生活中做守法的模范。

重庆市公安局江北区分局治安支队对陈文武开出了《中华人民共和国治安管理处罚法》（以下简称《治安管理处罚法》）颁布施行后的第一张"球迷罚

单"：依法对陈文武处以拘留 10 天、罚款 500 元的处罚，同时禁止他在一年内进入体育场观看同类比赛。

 相关知识

2005 年 8 月 28 日，十届全国人大常委会第十七次会议通过了《中华人民共和国治安管理处罚法》，该法自 2006 年 3 月 1 日起施行，并在 2012 年经过了修改。该法在《中华人民共和国治安管理处罚条例》（以下简称《治安管理处罚条例》）的基础上，结合社会发展形势，补充完善了治安管理处罚制度，在适应打击和惩治违法行为、加强社会治安管理、尊重和保障人权、规范和监督人民警察依法履行职责、防止滥用权力等方面，均做出了许多新规定。就违反治安管理行为来说，与《治安管理处罚条例》相比，《治安管理处罚法》的修改具有以下三个主要特点：一是结合社会治安出现的新情况、新问题，增加了大量的违反治安管理行为，删去了一些不符合社会现状的过时的违反治安管理的行为，违反治安管理行为由之前的 73 种增加到了 151 种，加重了公安机关的执法任务。二是提高了罚款幅度，取消了被处罚人拒绝交纳罚款的规定。三是缩小了公安机关的自由裁量权。

一、扰乱文化、体育等大型群众性活动的公共秩序将受罚

《治安管理处罚法》第二十四条规定："有下列行为之一，扰乱文化、体育等大型群众性活动秩序的，处警告或者 200 元以下罚款；情节严重的，处五日以上十日以下拘留，可以并处五百元以下罚款：（一）强行进入场内的；（二）违反规定，在场内燃放烟花爆竹或者其他物品的；（三）展示侮辱性标语、条幅等物品的；（四）围攻裁判员、运动员或者其他工作人员的；（五）向场内投掷杂物，不听制止的；（六）扰乱大型群众性活动秩序的其他行为。因扰乱体育比赛秩序被处以拘留处罚的，可以同时责令其十二个月内不得进入体育场馆观看同类比赛；违反规定进入体育场馆的，强行带离现场。"

因此，前述案件中，重庆市公安局江北区分局治安支队对陈文武的处罚符合法律规定。这个案例启示我们：对体育活动的热爱要在合法合情的前提下进行合理表达。

二、哪些属于文化、体育等大型群众性活动？

学校每年举办的春季运动会、文化艺术节、迎新和毕业大型晚会等，都属于文化、体育大型群众性活动。除了这些和我们校园生活息息相关的活动外，相关法律法规也对文化、体育等大型群众性活动做了规定。例如，《北京市大型社会活动安全管理条例》规定，大型社会活动是指主办者租用、借用或者以其他形式临时占用场所、场地，面向社会公众举办的文艺演出、体育比赛、展览展销、招聘会、庙会、灯会、游园会等群体性活动。

需要注意的是，《治安管理处罚法》中规定的向大型活动场内投掷杂物的行为，其客观表现是"向场内投掷杂物，不听制止的"，要求行为人必须有不听工作人员制止的行为。如果向场内投掷杂物，在工作人员制止后即停止该行为，则不构成本行为。

上述案例中，陈文武的行为因扰乱体育比赛秩序而被处以拘留处罚，同时责令其十二个月内不得进入体育场馆观看同类比赛。需要注意的是，第一，在适用《治安管理处罚法》的上述规定时，扰乱体育比赛秩序和处以拘留处罚，二者缺一不可。第二，可以责令十二个月内不得进入体育场馆观看同类比赛，也可以不责令。由公安机关根据行为人的主观恶性或违法行为的严重程度来决定。第三，只能责令行为人不得进入体育场馆观看比赛。如果在体育场馆外的比赛，则不能禁止观看。第四，不得进入体育场馆观看同类比赛。如因扰乱足球比赛秩序，则只能禁止其观看足球赛，但行为人仍可以进入体育场馆观看篮球、排球等比赛。

三、虚构事实扰乱公共秩序行为将受罚

《治安管理处罚法》第二十五条规定："有下列行为之一的，处五日以上十日以下拘留，可以并处五百元以下罚款；情节较轻的，处五日以下拘留或者五百元以下罚款：（一）散布谣言，谎报险情、疫情、警情或者以其他方法故意扰乱公共秩序的；（二）投放虚假的爆炸性、毒害性、放射性、腐蚀性物质或者传染病病原体等危险物质扰乱公共秩序的；（三）扬言实施放火、爆炸、投放危险物质扰乱公共秩序的。"

> **案例讨论**
>
> **虚构事实扰乱公共秩序**
>
> 　　3 月 31 日晚，王某给电信公司值班工作人员打电话称："明天你们不要上班了，有人要炸电信公司办公楼。"值班员接到电话后，马上把情况报告给单位领导。单位领导报案后，公安机关在电信公司办公楼里彻底进行了检查，一无所获。后经查明：原来第二天是愚人节，王某是要和电信公司开玩笑。
>
> 　　分组讨论：
>
> 　　1. 王某借愚人节开玩笑能够使他免于处罚吗？
>
> 　　2. 愚人节开玩笑需要注意什么？

案例讨论中的王某，明知没有警情，却向有关人员谎报警情，尽管其主观上没有恶意，但其主观上属于明知其行为会引起公共秩序混乱的后果，但认为好玩而放任了这种结果的发生，同时在客观上也引起了公共秩序的混乱。公安机关应当按照《治安管理处罚法》的相关规定对其予以处罚。

我们处在一个信息化的社会，各种通信社交软件使我们能够及时有效地获得新闻资讯，但与此同时，同学们需要擦亮双眼，辨别各种资讯的真伪，谨慎转发传播。

四、哪些属于虚构事实？

虚构事实行为的主体是指具有责任年龄、责任能力的自然人。虚构事实行为是指在客观上主要表现为散布谣言，谎报险情、疫情、警情或者以其他方法扰乱社会秩序。散布谣言，是指捏造没有事实根据的谣言并向他人进行传播的行为。谎报险情、疫情、警情，是指编造火灾、水灾、地震、传染病暴发、火警、治安警情等虚假险情，并向有关部门报告的行为。虚构事实行为的客观后果是引起群众恐慌，干扰了国家机关以及其他单位的正常工作，扰乱了社会秩序，且尚不够刑事处罚的行为。

💬 拓展训练与测评

阅读下面的案例，分组讨论，议一议，在现实生活中如何维护社会秩序和公共安全？

| 案例一 |

男子坐公交自称携炸弹　一句赌气话换来5天拘留

2015 年 3 月 25 日，刘某携带大箱子乘坐公交车，在被问及箱内物品时，竟然赌气称箱子里面是"炸弹"。接警后，太原市公安局直属第二分局治安二大队值班民警立即向分局 110 报告，分局领导高度重视，立即启动紧急应急程序，在向市局 110 报告的同时，迅速组织警力赶往现场，将声称携带炸弹的刘某控制住，同时与属地三桥派出所共同疏散车上乘客，设置警戒线，防止周边群众受到伤害。

经调查，在司机询问刘某箱中为何物时，刘某以为司机故意刁难，他情绪激动，遂自称纸箱里面装有炸弹，安全员立即将纸箱子扣住并报了警。刘某为发泄不满，谎称携带炸弹，是一种扰乱社会公共秩序的违法行为，不仅造成公交车无法正常运营，而且给广大乘客带来恐慌，太原市公安局直属第二分局根据《中华人民共和国治安管理处罚法》第二十五条第一项的规定，给予刘某行政拘留五日的处罚。

　　警方提示，在乘坐公交车时，为了自己和他人的安全，请注意以下事项：

（1）严禁携带各类可能危及公共安全的危险物质、管制刀具乘坐公交车。
（2）乘客需提高自我防范意识，注意保护人身财产安全。（3）积极配合司乘人员共同维护行车安全和车内秩序。发现有携带危险物质和管制器具乘车、扒窃等违法行为，勇于制止，并协助司乘人员进行处置或报警，保障公共安全。
（4）按照《中华人民共和国治安管理处罚法》相关规定，对于扬言实施放火、爆炸、投放危险物质扰乱公共秩序的违法行为，警方将视情节予以严惩。

| 案例二 |

为了安全出行，遵章守纪我先行

　　"我就抽个烟，你能把我怎么样……"韩某某等人在火车车厢内吸烟，遇到民警制止，不仅嚣张，竟然动手推打民警，扰乱车厢秩序。3月18日晚，兰州铁路公安处在调查完毕后，依据治安管理法，对涉事的韩某某依法处以行政拘留20日、罚款1000元，涉事的方某某、张某二人依法处以行政拘留10日。

　　列车禁烟，是近些年来铁路部门最头疼的一个问题，2013年国务院颁布的《铁路安全管理条例》明确规定，在动车组列车上吸烟或者在其他列车的禁烟区域吸烟，可处以500～2000元罚款或行政拘留。目前有不少旅客因违反规定被处罚，更有甚者就是像韩某某一样，不听教育，反倒闹事打人。

　　但有数据显示，尽管铁路客运部门想了不少办法宣传列车禁烟知识，车站和列车上也配备有明确的禁烟标识，但仍然难以挡住烟民们以身试法。大多数烟民仍怀有侥幸心理，大家都知道，高铁上每趟列车在车厢许多位置都安装了烟雾传感器，一旦监测到了火情烟情，就会启动联动机制，立即报警并自动使列车减速。就算普通列车每节车厢两端都设有吸烟处，但有的旅客抽完烟就把未灭的烟头放在列车门缝中，或者直接扔入垃圾篓，很容易引发火情。一旦出现火灾，后果不堪设想。

案例分析：兰州铁路警方根据《中华人民共和国治安管理处罚法》有关条款，依法对韩某某做出行政拘留 20 日，并处罚款 1000 元，方某某、张某二人依法处以行政拘留 10 日的处罚。希望他们能够记住这次教训，日后遵章守纪，严格执行铁路部门的各项规章制度。出门在外都不易，规章守纪，从自己做起。

| 案例三 |

网购气枪非法持有 两嫌疑人被治安拘留

2015 年 3 月 5 日，临洮县公安局网安大队接到定西市公安局网安支队通知：2015 年 1 月，江苏南通公安机关破获一起利用网络贩卖气枪案，有向临洮县辖区人员出售 4 支气枪的成功交易记录。

3 月 6 日，办案人员在洮阳镇某门店查获气枪 1 支、半成品弩 1 支。经询问，该店经营者王某如实供述了他利用淘宝账号，先后两次在淘宝网购买气枪配件，组装 1 支完整气枪的违法事实，同时还交代其利用淘宝账号为"张三"代购物品的事实。办案人员遂对"张三"手机号码进行核查，查明"张三"实为临洮籍的边某。3 月 12 日，边某迫于压力，携带 1 支气枪到临洮县公安局投案自首。公安机关对二人进行了治安拘留处罚。

任务二　侵犯他人人身权利、财产权利的行为

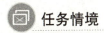 **任务情境**

| 案例 |

强迫劳动行为

李某系一私营企业的厂长。某年8月，由于订单多，李某怕影响合同履行进度，遂规定：每名工人每天必须加班3～5个小时，且周末不休息。工人不满，派代表和李某交涉，李某大怒："加班有加班费，还有什么怨言！"并宣布：从现在起，所有工人一律不准走出厂区，完成订单后才能回家。同时，李某又派了几个人进行监工。后有工人报警。

小组讨论：

你如果在工作中遇到这样的情况，应该怎么办？

任务分析

上述案件中，李某的行为属于强迫劳动行为。根据《中华人民共和国刑法》（以下简称《刑法》）第二百四十四条的规定，强迫劳动是指以暴力、威胁或者限制人身自由的方法强迫他人劳动。其中，暴力是指用殴打、体罚、捆绑、非法限制人身自由等对人身实施打击和强制的行为。威胁是指以扬言伤害、禁闭、没收押金、集资款等方式相要挟，迫使满足其劳动要求的行为。在实际工作中需注意：对发生了自然灾害、事故或者其他原因，威胁到劳动者生命健康和财产安全，需要紧急处理的；生产设备、交通运输线路、公共设施发生故障，影响生产和公众利益，必须及时抢修的；法律法规规定的其他情形下采取上述手段强迫劳动的，不构成强

迫劳动行为。

本案中，李某的行为就是采取限制工人人身自由的方式强迫劳动，但没有造成严重后果，可以根据本项规定予以治安管理处罚。

 相关知识

《治安管理处罚法》第四十条规定："有下列行为之一的，处十日以上十五日以下拘留，并处五百元以上一千元以下罚款；情节较轻的，处五日以上十日以下拘留，并处二百元以上五百元以下罚款：（一）组织、胁迫、诱骗不满十六周岁的人或者残疾人进行恐怖、残忍表演的；（二）以暴力、威胁或者其他手段强迫他人劳动的；（三）非法限制他人人身自由、非法侵入他人住宅或者非法搜查他人身体的。"

强迫劳动行为与强迫劳动罪的区别

对于强迫劳动罪，《刑法》第二百四十四条规定："以暴力、威胁或者限制人身自由的方法强迫他人劳动的，处三年以下有期徒刑或者拘役，并处罚金；情节严重的，处三年以上十年以下有期徒刑，并处罚金。明知他人实施前款行为，为其招募、运送人员或者有其他协助强迫他人劳动行为的，依照前款的规定处罚。单位犯前两款罪的，对单位判处罚金，并对其直接负责的主管人员和其他直接责任人员，依照第一款的规定处罚。"

《刑法》中的强迫劳动罪与《治安管理处罚法》中的强迫劳动行为的区别：一是行为的严重程度不同。强迫劳动罪的情节要严重得多，如强迫职工劳动致使职工受伤、患病或者多次强迫职工劳动的，或者在社会上造成恶劣影响。二是强迫的对象不同。前者可以是强迫任何人劳动，而后者只能是强迫职工劳动。三是强迫的方法不同。前者的方法包括暴力、威胁或者限制人身自由的方法，而后者强迫的方法仅限于非法限制人身自由的方法。

《治安管理处罚法》第四十二条规定："有下列行为之一的，处五日以下拘留或者五百元以下罚款；情节较重的，处五日以上十日以下拘留，可以并处五百元以下罚款：（一）写恐吓信或者以其他方法威胁他人人身安全的；

（二）公然侮辱他人或者捏造事实诽谤他人的；（三）捏造事实诬告陷害他人，企图使他人受到刑事追究或者受到治安管理处罚的；（四）对证人及其近亲属进行威胁、侮辱、殴打或者打击报复的；（五）多次发送淫秽、侮辱、恐吓或者其他信息，干扰他人正常生活的；（六）偷窥、偷拍、窃听、散布他人隐私的。"

案例讨论

威胁人身安全行为

王某因对村委会不满，在村干部刘某向其收取村建校集资款时，与刘某发生争执。刘某准备回村委会报告时，王某追上刘某，并抓住衣服进行威胁："你再来收款，我炸你的房子！"

小组活动：

如何评价王某的行为？

以案说法：

本案中，王某因故意抓住刘某的衣服并有言语威胁，构成威胁人身安全的违反治安管理行为。王某虽然也扬言实施爆炸行为，但由于王某只是声称要炸刘某的房子，没有造成公共秩序发生混乱，因此应当以威胁人身安全行为定性。

威胁人身安全行为中的威胁方法既包括写恐吓信，也包括其他方法，如投寄子弹、匕首等恐吓物等；既可以是直接的威胁，也可以通过暗示的方法威胁；既可以是行为人自己威胁，也可以通过第三人的转告来威胁；还有的行为人利用公开别人的隐私来威胁。不管用什么手段来威胁，不管有没有后果发生，均不影响本行为的成立。如果行为人通过威胁的手段获取财物，则构成敲诈勒索行为。

注意威胁人身安全行为与散布恐怖信息的行为的区别。散布恐怖信息的行为是指扬言实施放火、爆炸、投放危险物质，扰乱公共秩序的行为。散布恐怖信息行为的主体是一般主体，具有完全的行为能力和责任能力的人均可成为本类行为的主体。散布恐怖信息的行为在客观方面表现为扬言实施放火、爆炸、投放危险物质。"放火"是指故意纵火焚烧公私财物，严重危害公共安全的行为；"扬言实施"是指以公开表达的方式使人相信其将实施上述行为。构成散布恐怖信息的行为并非没有程度上的要求，除了扬言实施放火、爆炸、投放危险物质外，在客观上还要求该行为达到了扰乱了正常的公共秩序的程度。散布恐怖信息的行为在主观上是故意，至于行为的动机则多种多样，如有的人是因为个人的某些要求没有得到满足而实施，有的人是出于对他人的仇视而实施等。

发送信息干扰正常生活的行为在客观上表现为多次通过信件、电话、网络等途径传送淫秽、侮辱、恐吓或其他骚扰信息，干扰他人正常生活。网络包括互联网，也包括局域网。其他骚扰信息，主要是指过于频繁地或者在休息时间发送提供服务、商品的信息或其他信息，干扰他人正常生活。本行为必须是多次实施，才应予以处罚。

案例讨论

殴打他人行为、故意伤害行为

张三与李四有矛盾，二人相见分外眼红。李四仗着自己身材高大，扇了张三几个耳光。张三见打不过李四，急忙逃跑。数日后，张三约李四见面，要解决问题。二人相见后，张三趁李四不防备，掏出水果刀往李四右胳膊扎了一刀后逃跑。经鉴定，李四的伤为轻微伤。

小组讨论：

如何评价本案中张三、李四的行为？

《治安管理处罚法》第四十三条规定："殴打他人的，或者故意伤害他人身体的，处五日以上十日以下拘留，并处二百元以上五百元以下罚款；情节较轻的，处五日以下拘留或者五百元以下罚款。有下列情形之一的，处十日以上十五日以下拘留，并处五百元以上一千元以下罚款：（一）结伙殴打、伤害他人的；（二）殴打、伤害残疾人、孕妇、不满十四周岁的人或者六十周岁以上的人的；（三）多次殴打、伤害他人或者一次殴打、伤害多人的。"

殴打他人行为是指行为人公然实施的损害他人身体健康的打人行为，一般采用拳打脚踢，或者使用棍棒等器具殴打他人。故意伤害行为是指行为人以殴打以外的其他方式故意伤害他人的行为，如使用机械撞击、电击、针刺等方法实施伤害。

已失效的《治安管理处罚条例》只规定了殴打他人造成轻微伤害的行为，而对于以其他方式（如电击、使用化学物品、驱使动物伤害他人）的行为没有规定，导致对这些行为得不到应有的惩处，即使按照殴打他人造成轻微伤害予以处理，定性也并不准确。因此，在制定《治安管理处罚法》时增加了故意伤害行为。《治安管理处罚条例》中规定的殴打他人行为要求必须有轻微伤害的后果才能处罚，而对仅实施了殴打他人行为未造成损伤结果或者损伤较轻很快消失而无法鉴定的，无法处罚，不能有效保护被侵害人的合法权益，也给社会造成了一些不安定因素。因此，《治安管理处罚法》对殴打他人行为、故意伤害行为并不要求造成轻微伤害的后果。

在日常生活中遇到殴打他人行为、故意伤害行为，需要注意以下几点：一是要立即开展调查取证。公安机关受理伤害治安案件后，要立即询问被侵害人，及时、全面、客观地询问现场目击证人，及时制作询问笔录；收集能够证明伤害情况的证据以及相关的医院诊断证明、病历资料等。二是要及时鉴定伤情。对需要做伤情鉴定的，要及时开具伤情鉴定委托书，告知被侵害人到指定的鉴定机构进行伤情鉴定。三是要发挥好调解的作用。对于因民间纠纷引起的殴打他人或者故意伤害他人身体的违反治安管理行为，情节较轻，且符合规定情形之一的，公安机关可以依法调解处理。如亲友、邻里或者同事之间因琐事发生纠纷，双方均有过错的；未成年人或者在校学生殴打或者故意伤害他人身体，情节较轻的等。经调解，当事人达成协议的，不再予以处罚，并在公安机关主持下制作治安调解书，由双方当事人签字后存档备查。经调解未达成协议或者达成协议后不履行的，公安机关要依法对违反治安管理的行为人给予处罚，并告知当事人可以就民事争议依法向人民法院提起民事诉讼。

根据 2006 年 2 月 1 日起施行的《公安机关办理伤害案件规定》，公安机关办理各种伤害案件，要遵循"迅速调查取证，及时采取措施，规范准确鉴定，严格依法处理"的原则，及时公正地处理。对正在发生的伤害案件，先期到达现场的民警应当做好以下处置工作：制止伤害行为；组织救治伤员；采取措施控制嫌疑人；及时登记在场人员姓名、单位、住址和联系方式，询问当事人和访问现场目击证人；保护现场；收集、固定证据。

案例讨论

制造噪声干扰正常生活行为

某日晚 11 点，湖州南浔派出所接到居民施某报警，称住宅楼对面歌厅声音太响，影响正常休息。接警后，民警现场检测发现，歌厅发出的声音分贝已超过城镇噪声污染防治的有关规定。民警当场依法对该歌厅业主王某处以治安警告处罚。王某接受处罚后，立即停止了当晚的营业。当天下午，诸暨小商品市场的一名摊主由于大声播放音响，也被警方治安警告。

小组讨论：

日常生活中面对噪声扰民应该如何处理？

《治安管理处罚法》第五十八条规定："违反关于社会生活噪声污染防治的法律规定，制造噪声干扰他人正常生活的，处警告；警告后不改正的，处二百元以上五百元以下罚款。"

这里的噪声仅包括社会生活噪声，而不包括工业噪声、建筑施工噪声、交通运输噪声等。在生活中，商业经营活动、娱乐场所、家庭等使用的音响器材音量过大，或者在休息时间装修房屋噪音过大，影响他人的正常休息等，属于制造噪声。

需要同学们注意的是，对初次制造噪声干扰他人正常生活的，只能处警告处罚。经警告处罚后，行为人仍不改正的，才可以处 200 元以上 500 元以下罚款。这里的警告处罚也是一种治安管理处罚，同样应当按照治安处罚的受案、询问、取证、告知权利、审批、作出书面处罚决定并送达被处罚人等程序进行，当然，符合当场处罚条件的，可以当场作出处罚决定。

制造噪声干扰正常生活行为是新增的违反治安管理行为。但是在 1997 年开始施行的《中华人民共和国环境噪声污染防治法》已经赋予了公安机关对此类案件进行处罚的权利，该法第五十八条规定："违反本法规定，有下列行为之一的，由公安机关给予警告，可以并处罚款：（一）在城市市区噪声敏感建筑物集中区域内使用高音广播喇叭；（二）违反当地公安机关的规定，在城市市区街道、广场、公园等公共场所组织娱乐、集会等活动，使用音响器材，产生干扰周围生活环境的过大音量的；（三）未按本法第四十六条和第四十七条规定采取措施，从家庭室内发出严重干扰周围居民生活的环境噪声的。"其中，该法第四十六条规定："使用家用电器、乐器或者进行其他家庭室内娱乐活动时，应当控制音量或者采取其他有效措施，避免对周围居民造成环境噪声污染。"第四十七条规定："在已竣工交付使用的住宅楼进行室内装修活动，应当限制作业时间，并采取其他有效措施，以减轻、避免对周围居民造成环境噪声污染。"

在制造噪声干扰正常生活行为案件的调查取证上，对于家庭、娱乐场所等产生的噪声，应当委托环保部门利用仪器进行噪声分贝检测，以认定是否构成噪声污染。根据国家规定，在居民区，白天达到 55 分贝、晚十时至晨六时的夜间达到 45 分贝就构成噪声污染。

拓展训练与测评

| 案例一 |

不堪其烦的广场舞

广场舞承担着中老年人健身和社交的多重功能，深受中老年人的喜爱。但是，近日，有市民反映，广场舞扰民，影响了附近居民的工作和生活。

热热闹闹的广场舞场面，嗨翻了舞场中的人，附近居民却深受其苦。记者走访发现，广场舞不仅仅在公园，凡是有空地的地方，几乎都有人在跳广场舞，少者几人，多则上百人。

有市民反映，佛冈县人民中心广场周边有空地的地方，几乎都有人在跳广场舞，严重影响佛冈一中学生的学习以及附近小区居民的生活和工作。

广场舞组织者通常以就近活动为原则，选择居住地附近的广场，甚至直接就在居民小区内的公共空间开展活动，利用大音响，通过楼宇墙面或建筑物之间的通道等产生反射、共鸣、混响等效果，声音响亮清晰，部分楼层居民不堪其扰。

广场舞活动时间通常为早晨六七点或者晚间七点至九点，主要参与者为老人或休闲一族。早晨六七点音乐响起，上班族难以忍受，休息日更显残忍；晚上七点至九点正是上班族结束辛苦工作回家享受宁静的时候，大人操持家务，孩子完成功课，各家难免亦会有老幼病孕、早班晚班者，每日总响起一两个小时甚至更长时间劲爆的广场舞音乐，令人难以忍受。

分组讨论：

1. 对"扰民的广场舞"你是怎么看的？

2. 应该如何处理"健身"与"扰民"这对矛盾？

注意：当我们遇到扰民的广场舞时，一定要用法律手段维权，而不要采取过激的手段，否则受到法律处分的就有可能变成我们。

| 案例二 |

加工店产生噪声污染 邻居索赔精神损失费[①]

施工声音、加工声音……如今，越来越多的噪声出现，严重影响了居民的正常生活。这不，永春市民颜某因不堪其扰，将一加工店告上了法庭。

2015年11月13日，颜某川在永春县石鼓镇注册经营一家不锈钢店，经营范围为不锈钢加工。

在生产期间，颜某认为颜某川在不锈钢加工时，不锈钢切割、打磨、敲打、钻孔、焊接等行为，产生噪声污染，严重影响其与家人的生活，遂向永春县环保局投诉。

永春县环保局多次对颜某川经营的不锈钢店进行检查，认为该店属于家庭式作坊，尚未办理相关环保手续，要求其停止生产。在检查时，该店没有生产。

2016年10月28日，颜某川注销该不锈钢店，但此后不锈钢加工店仍有噪声。颜某以颜某川无视永春县环保局禁止生产处理决定为由，向永春县人民法院提起诉讼，请求判令颜某川停止在其家中加工不锈钢，排除噪声污染的妨害，并赔偿精神损害2万元。

经审理，法院认为颜某提出的诉讼请求证据不足，不予支持，判令驳回颜某的诉讼请求。后颜某不服上诉。

法院审理：

泉州市中级人民法院二审认为，该案系一起环境噪声污染责任纠纷案，审理的关键点在于环境噪声污染行为的认定，噪声污染造成损害的推定，以及精神损害抚慰金的赔偿认定和数额确定等。案件中，不锈钢制品加工所产生的噪音超出一般公众普遍可忍受的范围，污染程度较为明显。泉州中院通过适用举

---

① 记者林扬阳、通讯员郑荧莹：《加工店产生噪声污染 邻居索赔精神损失费》，福建长安网，网址：http://www.pafj.net/html/2018/falvfuwu_0611/97803.html，2018年6月11日。

证责任的分配规则，认定颜某川的噪声污染行为存在。

　　颜某川的不锈钢加工店属于家庭式作坊，系间歇性生产加工，产生噪声的时间不长，且双方所居住的房屋相距数米，并非一墙之隔。泉州中院依据产生噪声的时间、两家距离的远近、噪声的大小等多个因素酌情支持 2000 元精神损害抚慰金。泉州中院判决颜某川应停止侵权、排除妨害，并赔偿颜某精神损害抚慰金 2000 元。

　　结合案例二，议一议，我们在日常生活中应如何遵守社会公共秩序？

项目六　网络生活中的法律规范

💬 **项目概述**

近年来，网络应用非常广泛，由于计算机网络连接形式的多样性、终端分布的不均匀性、网络的开放性和网络资源的共享性等因素，致使计算机网络容易遭受病毒、黑客、恶意软件和其他不轨行为的攻击，导致信息泄露、信息窃取、数据篡改、数据增删、计算机病毒感染等。当网络规模越来越大和越来越开放时，网络面临的安全威胁和风险也变得更加严重和复杂。

在这个项目中，我们将学习网络运行安全和网络信息安全方面的知识。

💬 **学习目标**

▶**能力目标**

在使用互联网的过程中，能够识别并抵制不良信息，树立网络交流中的安全意识。

▶**知识目标**

了解网络使用的有关法律；了解信息技术可能带来的不利于身心健康的因素，养成健康使用信息技术的习惯。

▶**素质目标**

培养学生的法律法规意识，做信息社会的守法公民。增强自觉遵守与信息活动相关的法律法规的意识。

任务一　网络运行安全

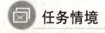 任务情境

女学生网贷 5000 元, 以贷还贷致欠款 26 万元[①]

小周 20 岁, 是武汉一所职业技术学院二年级学生。小周回忆, 2016 年 10 月, 她一次上公厕时, 在门上看到了一则借贷小广告。

鬼使神差地, 她加了广告上的微信, 与业务员聊了起来。当时, 她想买些东西, 正好缺钱。一番沟通后, 她按要求发去了本人身份证照片、学生证照片和手机通讯录等信息。

当时, 对方还有一个要求: 手拿借条, 拍摄裸体照片和视频, 行话叫"裸条"。小周说, 借条是业务员发来的格式, 她只需打印出来签上自己的名字。

对于拍裸照, 她犹豫过。对方解释, 因对其并不了解, 只能凭这些照片作为担保, 若按时还钱, 一定不会流传出来。想着借款金额并不大, 还款应该不成问题, 小周照做了。

第一笔借款 5000 元, 扣除审核费、照片保密费等费用, 小周拿到手的钱其实只有 2750 元。这笔钱花在哪了呢? 她回忆良久, 始终没能想起来。

她只记得, 每个月生活费 1000 元, 时常感觉不够花, 借来的钱, 她也拿去消费了, 但具体买了什么, 她记不起来了。

按照约定, 贷款一周内还清, 否则每周要付利息 287 元, 直到钱还清为止。单靠生活费显然是不够的, 小周不敢告诉父母, 只好找朋友们借钱, 但最

---

① 《武汉女大学生裸贷 5000 滚成 26 万元,裸照被发到父亲手机上……》,《楚天都市报》,2017 年 4 月 11 日。此处对原文内容做了删减。

后也没人可借了。

在业务员的介绍下，小周加入了一个借贷QQ群，找别的借贷平台借钱还债。半年以来，她总共找了30多家借贷平台借钱，去掉手续费，她拿到手的本金共8万多元。但这些钱算上利息，她总共要还近26万。

过年期间，小周关掉了手机，与外界断了联系。春节过后，债主依旧联系不上她，遂给其通讯录群发了催债短信。父亲周先生这才知道孩子欠了钱。

收到短信后，他赶紧询问女儿这是怎么回事，女儿吞吞吐吐，只说欠了别人钱，但不说借钱做了什么。

无奈之下，他分两次凑了近4万元给女儿，嘱咐她赶紧将钱还了。2017年4月3日，裸照发到周先生手机，周先生彻底崩溃了。他没想到，女儿竟然还欠钱。

同时收到裸照的，还有小周的姑姑、姨妈和同学。他赶到武汉，5日下午，带女儿到关南派出所报了警。

小周感到前所未有的耻辱和后悔。她这次才跟家人彻底坦白，欠下的本金和利息共26万元，加上父亲帮忙还的，总共已经还上了近16万元，还欠10万余元，大部分是以裸照作为担保。

而这一切的起因，都是为了最初的一笔5000元借款。她说，其实后来借的钱，她基本没花过，全用在了还债上。因有同学收到了裸照，她觉得没有颜面再待在学校，也担心讨债者找上门，小周离开了湖北，到上海陪父母一起打工。

周先生称，他有两个孩子，还有一个儿子，才9岁。夫妻俩在一家塑料厂打零工，两个人加起来，每月收入6000多元。对于剩下的10万余元，他实在无力偿还了。

楚天都市报记者搜索"借贷""借钱"等关键词，能找到很多相应账号。聊天后得知，借款一个月利息8%～15%不等。以15%为例，借1万元，每月需支付利息1500元，并且第一个月的利息都要先付。

记者联系上多位小周的债主，有的说不认识小周，直接挂断电话。还有的表示，催债业务外包出去了，可能会存在用裸照催债的情况。

小周学校相关负责人介绍，事发后，该校老师陪同小周及家人到派出所报警，并安排知情学生配合公安机关调查。

小周暂时不愿意上学，学校对其进行了心理辅导，并提出可先休学，待事情过后再回校上课，其家人还在考虑。

湖北典恒律师事务所陈亮律师表示，以裸照作为担保进行借贷，其合同本身就是无效的。并且，我国法律只承认年利率在24%以内的借贷关系，超出部分不受法律保护。

小周的借款，已属于高利贷性质。每笔借款，若小周已归还本金和24%的利息，则不需要再还钱。多偿还的利息，若高于36%，还可以通过法律诉讼的方式追回。

陈亮律师称，传播裸照侵犯了个人隐私权，涉嫌传播淫秽物品罪，可报警处理。同时他也提醒广大学生，网络借贷存在很多风险，若真有借贷需要，也应与父母商量后，选择在证监会、保监会有备案的正规公司。

阅读以上文字，小组讨论：

1. 对女大学生"裸贷"这件事你怎么看？
2. 网络运营者在本案中应承担什么责任？

任务分析

"裸贷"是非法分子借用互联网金融和社交工具为平台和幌子，以让贷款人拍摄"裸照"作"担保"，非法发放高息贷款的行为。因"裸贷"被诈骗、被敲诈勒索的事情时有发生。"裸贷"就像一个大坑，一旦陷入，后果不堪设想，有的人失去尊严，有的人被迫出卖肉体，有的人甚至失去生命。

本案警示：未成年人或者在校学生应当理性消费，如有债务危机，应当及时和家长沟通或者通过合法途径解决，不能自作主张进行网络贷款。以"裸"换"贷"，既有违公序良俗，也容易让自己沦为严重违法犯罪的受害者。对于已经"裸贷"的，如果遇到以公开自己裸照进行要挟的行为，一定要及时报警，寻求法律保护。

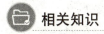 **相关知识**

发展网信事业，要处理好发展和治理的关系，建设网络良好生态。让网络空间天朗气清，需要提高网络综合治理能力，形成多主体参与、多种手段相结合的综合治网格局。要加强网上正面宣传，用习近平新时代中国特色社会主义思想和党的十九大精神团结、凝聚亿万网民，构建网上网下同心圆，更好凝聚社会共识。

发展网信事业，要正确处理安全和发展的关系。安全是发展的前提，发展是安全的保障，二者要同步推进。筑牢网络安全防线，要树立正确的网络安全观，加强网络安全各方面建设，积极发展网络安全产业，做到关口前移，防患于未然；要落实好各方面责任，依法严厉打击电信网络诈骗、侵犯公民个人隐私等违法犯罪行为，深入开展网络安全知识技能宣传普及，形成齐抓共管、共同维护网络安全的局面。

网络空间天朗气清、生态良好，符合人民利益；网络空间乌烟瘴气、生态恶化，不符合人民利益。党的十八大以来，以习近平同志为核心的党中央把握网络发展规律，顺应人民期盼，坚持“正能量是总要求、管得住是硬道理”，不断完善和加强网络治理。从出台《中华人民共和国网络安全法》《互联网新闻信息服务管理规定》等法律法规，到开展“净网”“剑网”“清源”等专项治理行动，再到实施“中国好网民工程”“网上公益工程”等项目，网络乱象得到有效整治，网络空间日渐清朗，人民群众纷纷点赞。实践充分证明，依法加强网络空间治理，加强网络内容建设，是互联网事业健康发展的重要保障，是利用网络更好地造福人民的必然选择。

网络生态整体向好，成绩来之不易。但也要清醒看到，网上舆论环境依然复杂，网络谣言、不良内容等问题不容忽视，网络生态的污染源尚未根除，网络正能量需要进一步壮大。加强网络治理，让新时代的网络空间更加清朗，需要乘势而上、开拓创新，才能交出更加精彩的答卷。

治网之道，法治为本，能力为先。网络不是法外之地，净化网络空间，必须坚持依法治网、依法办网、依法上网，充分发挥法律规范社会行为、调节社会关系、维护社会秩序的作用，为网络健康发展保驾护航。"法与时转则治"，根据网络发展的新趋势、新变化，不断提高网络综合治理能力，形成党委领导、政府管理、企业履责、社会监督、网民自律等多主体参与，经济、法律、技术等多种手段相结合的综合治网格局，才能牢牢把握主动权、打好主动仗。

船的力量在帆上，人的力量在心上。决胜全面建成小康社会、夺取新时代中国特色社会主义伟大胜利、实现中华民族伟大复兴的中国梦，需要全社会方方面面同心干，需要网上网下形成同心圆，更好地凝聚共识、汇聚力量。加强网上正面宣传，就要旗帜鲜明地坚持正确政治方向、舆论导向、价值取向，推进网上宣传理念、内容、形式方法、手段等创新，把握好时度效，培育积极健康、向上向善的网络文化，让网上正能量充沛、主旋律高昂，不断激发奋进新时代的强大力量。

据中国互联网络信息中心发布的第 42 次《中国互联网络发展状况统计报告》显示，截至 2018 年 6 月，我国网民规模达 8.02 亿。加强网络治理，需要形成合力，各个方面都要担当尽责。政府行政管理部门要加强监管，对违法违规行为敢于亮剑；互联网企业要压实主体责任，互联网行业要加强自律，坚持经济效益和社会效益并重，切实履行社会责任，决不能让互联网成为传播有害信息、造谣生事的平台。要调动网民积极性，动员各方面力量参与治理，走出一条齐抓共管、良性互动的新路，画出最大同心圆，营造更加风清气正的网络生态。

具体到本任务所提到的校园贷等问题，青年学生要了解并正确对待校园贷，为自身健康成长、合理成才创造良好环境。

一、何为校园贷？

随着 P2P 网络借贷模式逐步风靡全国，针对在校大学生推出的网络借贷、分期购物产品也有了很大的发展，这些产品可以统称为校园贷。目前，校园贷主要有三种类型：一是专门以大学生为消费对象的分期购物平台，例如趣分期；二是 P2P 网络借贷平台，例如投投贷、速溶 360 等；三是依托传统电商平台发展起来的借贷业务，例如京东白条等。目前出现较多问题的是第二种模式，即 P2P 网络借贷模式，下文也主要从该模式着手进行论述。

二、校园贷的特征分析

第一，平台数量多，准入门槛低。作为从国外引进的借贷形式，P2P 网络借贷在国内发展并不成熟，诚然市场上有不少正规的 P2P 网络借贷公司，但也大批是由传统借贷公司转型而来的，这些公司并不完全符合 P2P 网络借贷平台的资质。根据原银监会出台的《P2P 网络借贷风险专项整治工作实施方案》（以下简称《整治方案》）要求，除满足一般公司的注册条件外，在领取营业执照后，P2P 网络借贷公司的注册还需要获得工商登记注册地地方金融机构的备案。在该《整治方案》颁布并推进实施之后，P2P 网络借贷平台的准入门槛进一步提高，但就已经营 P2P 网络借贷的公司该如何进行评价，仍待进一步规定的出台。

第二，借款手续少，速度远高于其他类型的借贷。校园贷之所以在大学校园风行，就是因为其一般比社会上正规的信贷机构手续便捷，大学生在 P2P 网络借贷平台上仅需提供日常必需的身份证、学籍信息、手机、家人信息便可申请借款，获得金额不等的贷款。有些 P2P 网络借贷软件甚至打出"注册即可获得贷款"的宣传语。校园贷给学生们提供了一个脱离家人，却能轻易获得大量现金的平台，因而迅速被大学生追捧。

三、校园贷中涉及的法律问题

校园贷中如果涉及高利问题，应该遵照最高人民法院关于民间借贷的司法解释，审核其借款利息是否在法律规定的区间内，即是否超出了年利率 36%，如果超出即为高利贷，不会受到法律的保护。校园贷约定的利息属于高利贷情形，对高利部分可要求放款人返还。

从目前曝光的校园贷恶劣案件来看，它们主要是针对女大学生的以"裸条"抵押作为放款条件的"裸贷"。法律保护的是合法借贷关系，一切民事活动应当尊重社会公德，不得损害社会公共利益，扰乱社会经济秩序。《中华人民共和国合同法》第七条也规定，当事人订立、履行合同，应当遵守法律、行政法规，尊重社会公德，不得扰乱社会经济秩序，不得损害社会公共利益。而近来爆出的"裸条"事件，即以裸照作为抵押物，这明显违背了最基本的公序良俗原则。

作为一种异化的"校园贷"，在毫无信用、毫无尺度的规则中，"裸条"极易触碰法律的红线。据"裸条"借款学生描述，放贷人曾承诺，裸照仅作为借款抵押，照片不会流出，且一旦贷款金额还清，这些照片会被删除。事实却是这些裸照或视频在一些 QQ、论坛、贴吧上被公开叫卖。该类行为极有可能触及的刑事责任有以下几个方面：

第一，涉嫌敲诈勒索。在"裸贷"风波中，还不起钱的借款人，往往被威胁在网上公布其裸照或视频。从借贷分子的行为方式上看，它是符合敲诈勒索罪的行为构成的。但是敲诈勒索罪作为侵财型犯罪，其主观目的——对他人财物的非法占有——是不变的，因此仅针对本金的威胁返还不构成敲诈勒索罪，超出法律保护的高息部分如果达到入罪数额，则构成敲诈勒索罪。

第二，涉嫌传播淫秽物品。裸照的出售者、转手者、传播者都属于传播淫秽物品，要判断有没有构成该罪，主要判断标准是要看他们传播淫秽物品的数量和牟利的数量。比如，淫秽视频、照片等发布到网上就要看点击率和阅读量；如果将淫秽物品出售，就看销售淫秽物品的数量和他们获取金额的数量。

第三，涉嫌侮辱罪。放贷者将受害的女大学生裸照和视频放到网上的行为，足以造成贬损他人人格、破坏他人名誉的后果，如果情节严重，可以构成侮辱罪。

网络犯罪，是指行为人运用计算机技术，借助于网络对其系统或信息进行攻击，破坏或利用网络进行其他犯罪的总称。它既包括行为人运用其编程、加密、解码技术或工具在网络上实施的犯罪，也包括行为人利用软件指令，网络系统或产品加密等技术及法律上规定的漏洞在网络内外交互实施的犯罪，还包括行为人借助于其居于网络服务提供者特定地位或其他方法在网络系统实施的犯罪。简而言之，网络犯罪是针对和利用网络进行的犯罪，网络犯罪的本质特征是危害网络及其信息的安全与秩序。

由于计算机网络犯罪可以不亲临现场，其犯罪形式是多样的。它的主要形式有以下几种：

第一，网络入侵，散布破坏性病毒、逻辑炸弹或者放置后门程序犯罪。这种计算机网络犯罪行为以造成最大的破坏性为目的，入侵的后果往往非常严重，轻则造成系统局部功能失灵，重则导致计算机系统全部瘫痪，造成巨大的经济损失。

第二，网络入侵，偷窥、复制、更改或者删除计算机信息犯罪。网络的发展使得用户的信息库实际上如同向外界敞开了一扇大门，入侵者可以在受害人毫无察觉的情况下侵入信息系统，进行偷窥、复制、更改或者删除计算机信息，从而损害正常使用者的利益。

第三，网络诈骗，教唆犯罪。由于网络传播快、散布广、匿名性的特点，而有关在因特网上传播信息的法规远不如传统媒体监管那么严格与健全，这为虚假信息与误导广告的传播开了方便之门，也为利用网络传授犯罪手法、散发犯罪资料、怂恿犯罪开了方便之门。

第四，网络侮辱、诽谤与恐吓犯罪。出于各种目的，有的人向各电子信箱、公告板发送大量有人身攻击性的文章或散布各种谣言；更有恶劣者，利用各种图像处理软件进行人像合成，将攻击目标的头像与某些低俗图片拼合形成所谓的"写真照"加以散发。由于网络具有开放性的特点，发送成千上万封电子邮件是轻而易举的事情，其影响和后果绝非传统手段所能比拟。

第五，网络色情传播犯罪。由于网络支持图片的传输，于是大量色情资料横行其中，随着网络速度的提高、多媒体技术的发展及数字压缩技术的完善，色情资料就越来越多地以声音和影片等多媒体方式出现在网络上。

案例讨论

美曝光"网攻"伊朗核设施计划[①]

美国《纽约时报》16日披露，根据一些档案和官方说法，美国军方和情报部门确实曾分别拟订计划，如果通过外交途径解决伊朗核问题最终失败，美国将对伊朗发动网络攻击。随着2015年7月"伊朗核协议"达成，相关计划被束之高阁。

瘫痪攻击

代号"宙斯—触即发"的作战方案由美国军方制订并计划执行，该计划旨在确保伊朗攻击美国及盟友时，美国总统贝拉克·奥巴马能有多重选项，包括进行一场短暂的全面战争。

按照计划，美军将使伊朗防空系统、通信系统和部分关键性输电网络瘫痪。

根据美国五角大楼的说法，"宙斯—触即发"行动包括上千名美军士兵、情报人员，对伊朗电脑网络系统进行"电子植入"以进行战争准备，耗资数千万美元。

针对全球潜在的军事风险，如朝韩冲突，南亚地区核武器丢失，亚洲或拉丁美洲发生动乱，美军都准备了应急方案。这些方案绝大部分处于冻结状态，但每隔几年会进行更新。

此前，伊朗核问题一度陷入僵局，根据美国当时的评估，以色列极有可能对伊朗核设施发动空袭，而美国则会卷入随之而来的武装冲突。与其他方案相比，针对伊朗的作战方案更具紧迫性。

2010年，伊朗遭到"震网"蠕虫病毒袭击，数百离心机被迫撤下。

与美军的作战方案不同，美国情报部门策划了一套行动隐秘的网络战计划，旨在瘫痪弗多铀浓缩工厂。即便没有发生公开的军事冲突，美国总

[①] 记者马骁：《美曝光"网攻"伊朗核设施计划》，新华网，网址：http://www.xinhuanet.com/world/2016-02/18/c_128729649.htm，2016年2月18日。

统也有权命令执行这一行动。

按照计划，美国情报部门将植入一个"蠕虫病毒"破坏核设施内的计算机系统，以达到拖延甚至摧毁伊朗在这一工厂进行铀浓缩活动的目的。

这一计划是"奥运会"计划的后续。美国和以色列联合制订了一套网络战计划，代号是"奥运会"，旨在摧毁伊朗位于纳坦兹核设施的 1000 台离心机并暂时中止这里的生产活动。

纳坦兹的核设施规模比弗多铀浓缩工厂大很多，但远不如弗多铀浓缩工厂安全。

弗多铀浓缩工厂是一处地下核工厂，位于中部古姆市附近山区，伊朗伊斯兰革命卫队的一个基地内，长期以来被认为是伊朗境内最难打击的目标之一，美军威力最强的地堡炸弹也难以突破工场所在的深度。直到 2009 年奥巴马宣布存在这一目标，工厂才为外界所知。

根据"伊核问题协议"，弗多铀浓缩工厂内三分之二的离心机将被拆除，其余设施将被禁止从事与核有关的活动并被转做其他用途。

电影"泄密"

一部名为"零日"的纪录电影首次披露了"宙斯—触即发"计划的存在，这部影片 2 月 17 日将登陆柏林电影节。

"零日"讲述了"伊朗核协议"达成前数年，伊朗和西方国家间的紧张关系，计算机病毒"超级工厂"攻击纳坦兹核设施，以及美军内部关于是否进行网络战的争论等一系列事件。

这部纪录片在制作过程中，制作团队通过多方采访还原"宙斯—触即发"计划的轮廓。当时美国白宫矢口否认正在制订计划。

小组讨论：

1. 结合以上案例，你认为应如何加强网络运行安全保护？

2. 谈一谈数字经济时代如何确保网络运行安全？

当今世界，网络安全威胁和风险日益突出，并日益向政治、经济、文化、社会、生态、国防等领域传导渗透。只有坚持底线思维，保持清醒头脑，下好先手棋，打好主动仗，才能切实维护网络安全，为网信事业行稳致远筑牢根基。

理念决定行动，维护网络安全必须树立正确的网络安全观。网络安全是整体的而不是割裂的，是动态的而不是静态的，是开放的而不是封闭的，是相对的而不是绝对的，是共同的而不是孤立的。网络安全牵一发而动全身，必须树立动态、综合的防护理念，加强信息基础设施网络安全防护，加强网络安全机制和能力建设，积极发展网络安全产业，全方位打造网络安全的"金钟罩"，做到关口前移，防患于未然。

网络安全为人民，网络安全靠人民，维护网络安全是全社会的共同责任，需要压实各方面责任，共筑网络安全防线。落实关键信息基础设施防护责任，各行业、企业要承担好主体防护责任，主管部门要履行好监管责任。面对网络黑客、电信网络诈骗、侵犯公民个人隐私等违法犯罪行为，有关部门要依法严厉打击，持续形成高压态势，维护人民群众合法权益。深入开展网络安全知识技能宣传普及，提高广大人民群众网络安全意识和防护技能，引导广大网民共同参与，共同构建网络安全的"防火墙"和"保护网"。

💬 拓展训练与测评

阅读以下网络泄密案例①，分组讨论案例中的泄密原因。

近年来，频频发生的计算机网络泄密案无一不是少数人员违反计算机网络保密管理规定，使用存储、处理涉密信息的计算机连接互联网，或移动存储介质在涉密和非涉密计算机之间交叉使用所致。

---

① 案例来源：《计算机网络泄密案例分析》，杭锦市人民政府网站，http://www.hjq.gov.cn/qq_hjzc_0227/bmxc/al/201805/t20180525_2167295.html2018 年 5 月 25 日。此处引用对原文内容有删减。

| 案例一 |

2008 年某单位发生的计算机泄密事件，泄密责任人孙某被给予党纪政纪处分。在检讨书中他这样写道："用笔记本电脑连接互联网时，我也战战兢兢，但由于没有发生什么问题，侥幸心理就战胜了理智，在错误的路上又迈出了危险的一步。我的疏忽和侥幸终于没有逃脱残酷事实的惩罚。"在另一起同类泄密事件中，泄密责任人李某被给予党纪政纪处分。在他的检讨书中有这样一段话：由于工作时间长了，就放松了对自己的要求。平时都坚持做到了不在外网办公，但有时因工作需要，有在同事办公电脑上交叉使用 U 盘的情况，真不知道电子文件泄密方式这么隐蔽，是侥幸和麻痹害了我。

| 案例二 |

2008 年 6 月，某单位发生一起计算机泄密事件，责任人郑某被给予党纪政纪处分。在谈到泄密原因时，郑某说："我平时都没有注意到涉密计算机上不能处理涉密信息的规定，电脑里的东西就跟柜子里放的东西一样，要是你不把电脑里的东西拷贝给人，别人怎么会拿走呢？"2008 年 7 月，另一单位发生类似计算机泄密事件，责任人龙某被给予党纪政纪处分。龙某在检讨书中写道："平时对自己的要求满足于会上网查资料，会处理一般的文稿。不知道（出问题后如何）采取补救措施，也没有向机关提出要采取安全防范措施的要求，从而导致严重的泄密事件。对网络知识知之甚少，认为文档资料只要保存在自己的电脑里，不要放在外面，不给别人看，也就不会有事，没想到还会被别人窃取。"2017 年 3 月，又一单位发生类似泄密事件，责任人赵某被给予党纪政纪处分。直至案发，赵某都不知道自己错在哪里，他问道："我在处理涉密信息时会将网线断开，不连接互联网，在不处理涉密信息时才连接互联网的，涉密文件资料怎么会被窃取了呢？"正是这些涉密人员严重缺乏信息化条件下有关保密常识，不该连的连了，不该存的存了，不该用的用了，导致计算机网络泄密问题越来越突出，成为难以治愈的顽疾。

| 案例三 |

2017 年 10 月，某单位发生计算机泄密事件。调查发现，该文件资料却不属于

计算机使用人张某的知悉范围。原来在 3 年前，张某在维修本单位某干部使用的涉密计算机时，为了防止电子文档丢失，就将其中的文件资料复制到移动硬盘中备份。然而，维修完成后，他忘记将硬盘中的文件清除，之后又违规将该移动硬盘接入连接互联网的计算机，导致泄密。事件发生后，张某被给予党纪政纪处分。

| **案例四** |

不良的工作习惯极易造成泄密。其主要表现为以下几种情形：

一是盲目搜集资料。在近期发生的泄密事件中，相当一部分泄密责任人都是各单位的业务骨干。他们大多都有一个习惯，就是广泛搜集各种资料，方便查阅，提高工作效率，却忽视了有关材料是否涉及国家秘密的问题。泄密事件责任人刘某在谈到泄密原因时，认为"祸根起于多年养成的工作习惯"。多年来，他为了工作时查找方便，在计算机中错误地存储了大量不同来源的资料，却忽视了重要数据的安全和保密要求，教训深刻。另一泄密事件责任人秦某则称自己"写东西有个毛病，就是见到东西就想留下来"。正是这种不良的工作习惯，致使他们在计算机及移动存储介质中存储的涉密文件资料数量惊人，泄露后给国家造成了难以挽回的重大损失。

二是不及时清理涉密电子文档。一些涉密人员长年累月处理涉密信息，却没有及时归档保存，计算机内存储的涉密信息数量十分惊人，成为严重的泄密隐患。某泄密事件责任人孔某在谈到为什么计算机中存储大量过去处理的涉密文件资料时，说道："我本是想写完了就删掉的，但写完后觉得花这么多功夫去校对、整理的文件资料，删掉太可惜了，以后还可能用到，注意保存就行了。久而久之，资料积累越来越多，就更舍不得删掉了。"

三是擅自保存原工作单位文件资料。一些同志把自己经手的国家秘密当作个人资料、个人成果，不转交、不清理，往往造成泄密隐患。在 2016 年 7 月发生的某泄密事件中，有关部门在某单位的一台涉密电脑中发现了大量涉及其他单位的涉密文件资料被窃取。经查，有关责任人是从其他单位借调到该单位工作的孙某。孙某在借调后，没有及时清理原单位的涉密文件，导致发生泄密，其本人受到党纪政纪处分。在检讨书中，他这样写道："我主观上出于保存一些资料有利于更好地开展工作、保持工作连续性等考虑，所以从原单位内网笔记本电脑上用移动存储介质复制保存了相关文件资料，以便在新单位使用。"初衷是良好的，却造成了原单位大量涉密文件资料被泄露的后果，给国家造成了严重损失。

四是公私不分。一些涉密人员长时间在计算机及移动存储介质使用上公私不分，有的利用工作用计算机处理私人事务，有的对移动存储介质不加区分，内外网混用，甚至公私混用，造成泄密。2016 年 8 月，在某单位的泄密事件中，责任人徐某利用计算机撰写个人日记，并私自在个人日记中记载了大量重要涉密信息。泄密后，徐某被给予党纪政纪处分。正是这种公私不分的不良习惯，使得国家秘密的可控性减弱，最终也成为泄密的隐患。

五是随意复制。电子文件复制、传输十分方便，一些涉密人员在工作中随意复制并向他人提供电子涉密文件，使得国家秘密难以控制，增加了泄密隐患。在某单位泄密事件中，泄密责任人张某将其在其他部门借调工作期间的涉密文件资料多次复制给他人使用，扩大了涉密文件资料的接触范围。他人在连接互联网的计算机上存储、处理复制的有关涉密文件资料，导致泄密。事件发生后，张某被给予党纪政纪处分。

| 案例五 |

保密观念差也非常容易造成网络泄密。这主要体现为以下三种情形：

一是无密可保的错误认识。个别涉密人员错误地认为自己从事的工作涉密不深，自己也没有主动泄露行为，因此，不会产生不良后果。在某单位发生的一起计算机泄密事件中，责任人王某错误地认为自己不是党和国家高级干部，自己从事的工作虽涉密，但比较轻微，即使出了问题，也不至给国家带来重大损失。这种错误认识的结果是，王某泄露了大量国家秘密，给国家安全和利益造成严重损害。其本人也被给予党纪政纪处分。

二是密不可保的错误认识。个别涉密人员错误认为现代科技飞速发展，情报获取能力日益增强。在这种情况下，我们的保密工作作用不明显，甚至是无能为力，从而放松了对自己的保密要求，最终导致泄密。

三是盲目自信的错误认识。个别涉密人员过于相信信息技术部门技术人员的水平和技术防护能力。殊不知我们在保密技术条件上同发达国家相比，还处于比较低的水平，难以做到及时发现、有效杜绝网络泄密违法活动。

当前计算机网络泄密呈高发态势，给国家安全和利益造成了严重损害，而泄密责任人则因受到党纪政纪乃至刑事责任的严厉追究，断送了大好前程。因此，涉密人员对于计算机网络泄密必须高度重视，在平时工作中，注意以下几点可以大大减少计算机泄密隐患：

一是加强保密技能学习。为避免大量因无知造成的泄密事件，各涉密单位要将保密教育作为一项重要工作，重点抓好保密法规、知识、技能教育，帮助涉密人员提高保密知识水平和技能，增强防范窃密泄密的实际能力，避免"低级错误"。广大涉密人员都应自觉加强保密法律法规和知识学习，熟悉并认真执行计算机信息系统、通信、办公自动化等方面的保密规定。

二是养成良好工作习惯。在实际工作中，要明确区分工作用和个人用的 U 盘及计算机，杜绝混用；在工作中接触的涉密电子文件，要及时清理，该归档的要及时归档，不能私自留存；离岗前要对自己持有的涉密载体进行清理，有关部门应监督其登记、交接，不留隐患。

三是建立健全规章制度。涉密单位应当建立健全涉密电子文档有关管理规定，有条件的设立涉密电子文档台账，明确涉密电子文档复制、删除管理规定；同时建立规章制度，加强对连接互联网计算机的管理，严格做到涉密计算机及移动存储介质与互联网严格物理隔离。

任务二　网络信息安全

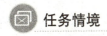 **任务情境**

杭州警方捣毁多个涉黄APP，内容不堪入目[①]

据微博@平安杭州报道，2018年5月30日下午，杭州市公安局召开新闻通报会，公布了上城警方、江干警方、下沙警方于近期捣毁"九月久""七色（小公举）""PR社"这三个号称"美少女直播"的涉黄APP，涉及10多个省份，抓捕93人。

据报道，晓晓（化名），95后杭州姑娘，是浙江某地一名在校大学生。在"九月久"做涉黄直播的理由也很简单——因借钱给前男友随后被骗。

加入涉黄直播后，晓晓一般都是在深夜的宿舍进行直播，等舍友入睡之后，晓晓便拉起床帘开始直播。从2017年12月加入直播以来，晓晓一共赚了6万元，目前已经被学校开除，即将接受法律的制裁。

为坚决打击涉黄直播，2018年4月2日，杭州警方联手江干分局出动警力150余名，成功打掉了"美少女直播APP"，在河南、福建、深圳等11个省、21个县市抓获并刑拘平台运维、家族长及群管、涉黄直播主播以及组织赌博犯罪嫌疑人50人。

4月2日，联手上城分局出动警力100余名成功打掉了"九月久"直播平台，抓获并刑拘平台管理层、家族长及主播等犯罪嫌疑人29人。

---

① 马卡：《杭州警方捣毁多个涉黄APP！女大学生在宿舍开直播，内容不堪入目》，IT之家，网址：https://www.ithome.com/html/it/362314.htm，2018年5月30日。此处引用对原文内容有删减。

4月9日，成功打掉"PR社"手机APP，抓获并刑拘平台组织者和主播等犯罪嫌疑人14人。扣押服务器和计算机等作案工具共20余台，冻结资金账户6个，共计70余万元。

小组讨论：

1. 你认为网络运营者应如何履行安全管理义务？

2. 如何全面完善未成年人保护体系？

🔍 任务分析

《中华人民共和国网络安全法》（以下简称《网络安全法》）是我国保障网络空间安全的基本法。在国家安全层面，在网络行业的发展和企业的社会责任建立过程中，在个人信息的权利和保护的架构设计方面都应该体现主体责任和依法原则。《网络安全法》宣示了中国在网络空间的国家主权，并保护一切个人和企业在中国网络空间的合法权益。《网络安全法》的出台，支撑中国网络社会长期安全稳定的发展，推进全球和平、安全、开放、合作的网络空间的建立。

网络和信息技术迅猛发展，已深度融入我国经济社会的各个方面，极大地改变和影响着人们的社会活动和生活方式。网络在促进技术创新、经济发展、文化繁荣、社会进步的同时，其安全问题日益凸显。党的十八大以来，中央从总体国家安全观出发，就网络安全问题提出了一系列新思想新观点新论断，对加强国家网络安全工作做出重要部署。党的十八届四中全会提出，要完善网络安全保护方面的法律法规。《网络安全法》要求依法加强网络空间治理，规范网络信息传播秩序，惩治网络违法犯罪。

📁 相关知识

《网络安全法》已于2016年11月正式公布，并于2017年6月1日正式施行。个人信息保护、用户知情权及未成年人保护等作为该法的重要内容得到贯彻执行。

　　该法第二十二条第三款规定："网络产品、服务具有收集用户信息功能的，其提供者应当向用户明示并取得同意；涉及用户个人信息的，还应当遵守本法和有关法律、行政法规关于个人信息保护的规定。"

　　该法在第七十六条对个人信息做出定义，明确个人信息是指以电子或者其他方式记录的能够单独或者与其他信息结合识别自然人个人身份的各种信息，包括但不限于自然人的姓名、出生日期、身份证件号码、个人生物识别信息、住址、电话号码等。

　　该法在第四章专章规定了个人信息的保护，其中的重要条款有：

　　第四十一条："网络运营者收集、使用个人信息，应当遵循合法、正当、必要的原则，公开收集、使用规则，明示收集、使用信息的目的、方式和范围，并经被收集者同意。网络运营者不得收集与其提供的服务无关的个人信息，不得违反法律、行政法规的规定和双方的约定收集、使用个人信息，并应当依照法律、行政法规的规定和与用户的约定，处理其保存的个人信息。"

　　第四十三条："个人发现网络运营者违反法律、行政法规的规定或者双方的约定收集、使用其个人信息的，有权要求网络运营者删除其个人信息；发现网络运营者收集、存储的其个人信息有错误的，有权要求网络运营者予以更正。网络运营者应当采取措施予以删除或者更正。"

　　同时，该法在法律责任一章中，也专门对违反个人信息保护的情形设置了法律责任，详细规定为：

　　第六十四条："网络运营者、网络产品或者服务的提供者违反本法第二十二条第三款、第四十一条至第四十三条规定，侵害个人信息依法得到保护的权利的，由有关主管部门责令改正，可以根据情节单处或者并处警告、没收违法所得、处违法所得一倍以上十倍以下罚款，没有违法所得的，处一百万元以下罚款，对直接负责的主管人员和其他直接责任人员处一万元以上十万元以下罚款；情节严重的，并可以责令暂停相关业务、停业整顿、关闭网站、吊销相关业务许可证或者吊销营业执照。"

　　虽然如此，《网络安全法》的规定仍显得较为原则性与粗糙，真正落地有赖于后续配套规范跟进。2017年,《网络安全法》配套规范的制定贯穿始终。其中,与个人信息保护有关的有国家标准《信息安全技术 个人信息安全规范》就是其中之一。

同时,全国人大常委会从2017年8月启动《网络安全法》和《全国人民代表大会常务委员会关于加强网络信息保护的决定》"一法一决定"的执法检查,12月向全国人大常委会提交执法检查报告。对于一部新制定的法律实施不满3个月即启动执法检查,这在全国人大常委会监督工作中尚属首次,充分体现了国家对于《网络安全法》落地实施的高度重视。

2017年9月,中央网信办、公安部、工信部及国家标准委等四部委也组织了一次"四部委隐私政策审查",对国内十家大型互联网企业隐私政策规范进行了深入细致评审。

阅读下面两个案例,分组讨论:

1. 日常生活中如何注意保护自己的信息安全,以免受到非法侵害?

2. 当你的个人信息受到侵害时,你应该怎么办?

| 案例一 |

冒充国家工作人员以发放补贴为名实施诈骗, 河南警方破获特大系列电信诈骗案①

从一起诈骗残疾人的小案着手,河南省驻马店市平舆县警方连续数月艰苦奋战,近日成功侦破一起冒充国家工作人员以发放补贴为名实施诈骗、涉案总金额多达3000万余元的特大系列电信诈骗案。

据了解,此举成功端掉了多个虚假信息诈骗窝点,直接摧毁了涉及全国各地的以"发放残疾人补贴""新生儿补贴""发放购车补贴"为名实施诈骗的三类虚假信息诈骗源头。截至目前,共起诉团伙成员41人,起诉各类电信诈骗

---

① 法制网记者蔡长春:《冒充国家工作人员以发放补贴为名实施诈骗,河南警方破获特大系列电信诈骗案》,《法制日报》,2016年9月22日。

案件 2300 余起，缴获作案银行卡 273 张，扣押涉案车辆 10 台。

2015 年 11 月 20 日，该案被公安部列为挂牌督办案件，成为公安部 2015 年挂牌督办的电信诈骗案件中涉案金额最大、涉及案件最多、抓获人数最多的境内诈骗案件。

一受害人家属被骗上吊自杀

2015 年 5 月 6 日上午，驻马店市平舆县西洋店镇一村民史某来到平舆县公安局，满面愁容地向刑警大队报案称，就在两天前，他接到一名自称河南省财政厅工作人员的女子打来的电话，该女子以给其聋哑妻子郭某发放残疾补贴为名，骗走了家中存款 26989 元。

史某说，后来又有一名女子打来电话称，"中央领导怕今年补助被地方政府克扣，所以由民政部直接发放给个人"，并要求史某拿着自己的银行卡到银行，照其提示在 ATM 机上操作。

随后，史某在该女子的误导下，将自己银行卡内的钱全部转入了犯罪嫌疑人提供的卡内。

平舆县公安局对此高度重视，立即由刑侦大队大队长王雪峰牵头、抽调精兵强将，成立"2015·5·6"电信诈骗案专案组开展侦查。

专案组民警对史某打进钱款的银行卡调取后发现，该卡存在交易异常，有来自全国多地的 10 余笔进账，且打款的都是残疾人。

同时，专案组查明，犯罪嫌疑人还持有 30 余张作案银行卡，涉及河南省驻马店、漯河、南阳、新乡等地市以及浙江、甘肃、江苏等多地的 37 起诈骗案，并发现这批犯罪嫌疑人均是冒充国家工作人员，以发放残疾人补贴为名实施诈骗，且受害人都是残疾人。

"这些受害人有的因残致贫，仅有的钱被骗后对他们而言无疑是灭顶之灾，有的受害人甚至在被骗后上吊、跳楼自杀，全家因此陷入黑暗。"平舆县公安局刑警大队中队长刘峰说。

据刘峰介绍，2015 年 6 月 26 日，四川省夹江县发生一起以发放残疾补贴为名的诈骗案，当地一名彝族姑娘被骗 12000 元，其父亲因经不起打击，竟选择了上吊自杀。

面对不法分子的恶行，专案组民警抱着悲愤的心情，下定决心一定要将其一网打尽。

初试牛刀抓获三人打开局面

经深入调查分析，专案组进一步确定，涉案银行卡为同一伙人所持有，并基本确定了犯罪嫌疑人的活动范围。

为了不使证据遗失且第一时间掌握犯罪嫌疑人的动向，专案组民警与时间赛跑，奔赴目标所在地江西的各个地市，初步判定了犯罪嫌疑人驾驶有作案车辆。

这样一来，专案组决定"以车找人"，随即在银行周边开展视频追踪工作。

没想到，这伙犯罪嫌疑人极其狡猾，取款时精心伪装，且每次取完款后都步行很长一段时间，导致视频侦查难以推进，其使用的诈骗手机经侦查也一无所获，案件至此停滞不前。

但专案组民警并没有被眼前的困难吓到，他们及时调整侦查思路，重新梳理涉案账户，发现涉案银行卡有跨行取款痕迹，随后又在大量跨行交易的明细后发现了一个重要细节，即犯罪嫌疑人曾在江西省新余市一农行 ATM 机上查询过涉案银行卡的余额。

于是，专案民警立即驱车赶往新余市该农业银行，调取银行及周边视频，终于发现了三名犯罪嫌疑人及其驾驶的车牌号为闽字开头的白色"科鲁兹"车辆。

"随后我们又发现，犯罪嫌疑人的车辆使用了假牌照，相关的身份证信息也系伪造，侦破工作再次陷入困境。"刘峰告诉记者。

即便如此，专案组民警仍无一人气馁，他们兵分多路到各个市县开展犯罪嫌疑人住宿登记排查及车辆轨迹查询工作。终于，在 2015 年 8 月 5 日晚，发现涉案的"科鲁兹"车驶入江西瑞金境内。

考虑到犯罪嫌疑人有在当地宾馆住宿的可能，专案组随即赶赴瑞金，经一夜摸排蹲守，在 8 月 6 日 14 时许发现了一名犯罪嫌疑人拎着东西下楼退房。

"为什么只有一个人？只抓一个人的话很可能搜不到作案工具，固定不了证据，给后期工作带来很大不便。"虑及此处，专案组决定暂不动手，以免打草惊蛇。

"这时，上述犯罪嫌疑人坐上一辆摩的，我们也驾车悄然跟在后面。之后，嫌疑人换乘了一辆停在路边的汽车，而这正是我们要找的白色'科鲁兹'。"刘峰说。

不久后，一名犯罪嫌疑人下车进入附近一个餐馆，另外两人在车内等候，确定目标车辆熄火后，专案组认为抓捕时机已到。

机不可失。于是，专案组现场制定部署了抓捕工作，由一组民警对饭店内的一名犯罪嫌疑人进行抓捕，其余人员分两组对车内两人同时展开抓捕。

一声"动手"，民警几乎同时打开了目标车辆的两侧车门，民警张喜磊眼疾手快，一手拔掉车钥匙，一手把坐在主驾驶位置上的犯罪嫌疑人拽出车外并制伏在地，坐在副驾驶的另一名犯罪嫌疑人则被民警韩帅死死抓住。

此时，另一组专案民警也将正在餐馆内就餐的犯罪嫌疑人抓获，并当场缴获作案用手机9部，银行卡177张以及一本详细记载着该团伙每天"工作情况"的记录本。

经查，3名犯罪嫌疑人分别为张某、连某、陈某，其中张某和陈某系网上在逃人员。3人到案后交代，177张银行卡全部用于诈骗，共为34个电信诈骗团伙提供取款服务。

值得一提的是，正是以上3人的成功抓获，为专案组下一步工作的开展打开了局面。

全案全链条打击成功大收网

专案组进一步侦查后发现，目前3人上线的团伙仍在疯狂作案，且全部位于福建龙岩境内。

案情上报后，专案组很快便得到公安部刑侦局和河南省公安厅的明确指示，继续赴福建开展侦破工作。

2015年8月20日，专案组赶往福建龙岩，在龙岩警方的大力配合下，于

8月28日晚将诈骗犯罪嫌疑人苏某、杨某等11人抓获，当场缴获作案银行卡30张、作案车辆两部。经核实，上述11名犯罪嫌疑人分属多个诈骗团伙中的4个团伙。

此后，专案组发现其余团伙仍在继续作案，且得手容易，诈骗数额惊人。于是，根据公安部"打击治理虚假信息诈骗专项行动""上打源头、下端窝点"的指导方针，决定外围突破，对该案进行全案全链条打击。

其间，专案组民警废寝忘食，边经营、边分析、边抓捕，对照资金流、视频及电子信息，及时固定了全案全链条的资金流及信息流，据此对福建省龙岩市链条以外的其他犯罪嫌疑人发动总攻。

连日奋战过后，专案组取得了赫赫战果——2015年9月22日，专案组在河南省开封市将倒卖车辆信息的犯罪嫌疑人张某抓获；9月23日，在广东省深圳市将为诈骗团伙提供手机卡的叶某抓获；9月24日在福建省福州市将为诈骗团伙提供银行卡的张某、陈某抓获；9月25日在福建省永安市将为诈骗团伙提供银行卡的两名张姓犯罪嫌疑人抓获；9月28日，在湖南长沙市将为诈骗团伙提供银行卡的邓某抓获；9月30日，在广东省东莞市将倒卖残疾人、新生儿信息的李某、熊某抓获；10月8日，在湖南省长沙市将为诈骗团伙提供各类信息的杜某抓获；10月12日，在福建省宁德市将直接为诈骗团伙非法提供公民个人信息的王某抓获；10月13日，在福建省厦门市将直接为诈骗团伙非法提供公民个人信息的王某、陈某抓获，在贵州省遵义市将提供残疾人信息的源头杨某抓获。

专案组还分析发现，"010"北京固话为冒充国家部委的电话，对受害人迷惑性较大，因此决定一并打掉这个源头。

经过又一轮周密部署和艰苦侦查，专案组查明了犯罪嫌疑人陈某的暂住地址，一番精心布控后，于2015年12月4日将其成功抓获。

历时4个月，足迹遍布广西、广东、福建等多个省份，专案组将为诈骗团伙提供银行卡、手机卡、公民个人信息等各链条的15名犯罪嫌疑人全部抓捕归案，共缴获作案银行卡46张，扣押作案车辆6台。

目前，上述抓获的涉案人员及查证的案件已移送人民检察院审查起诉。

据了解，该案的成功告破，打掉了为诈骗团伙提供各类信息的源头，端掉了除港澳台之外的涉及内地各个省份的特大虚假信息诈骗的窝点，斩断了伸向人民群众的黑手，有效震慑了诈骗犯罪，有力维护了社会和谐稳定。

| 案例二 |

7亿条个人信息遭泄露　浙江判决特大侵犯公民信息案[①]

近日，浙江省松阳县人民法院一审判决一起特大侵犯公民个人信息案，超过7亿条公民信息遭泄露，8000余万条公民信息被贩卖。

2016年3月，松阳县公安局接报多起以"猜猜我是谁"方式冒充单位领导实施诈骗的案件。经案件串并，警方发现丽水市范围内共案发28起。后过近一个月侦查，警方成功抓获11名犯罪嫌疑人，现场缴获用于实施诈骗的全国各地公民个人信息16.7万条，涉案金额117万余元。

面对如此海量、精准、详细的公民个人信息，当地警方意识到该案背后或许潜藏着另一个不法团伙。于是，民警通过侦查和查询银行资金往来情况，发现江西籍的廖某斌有在网上大肆出售孕检、银行、车主等公民个人信息的违法行为，其上家为福建籍的王某泉与河北籍的程某龙。除以上三人外，还有陈某亮、王某辉、杜某和何某耀形成的一个非法销售贩卖个人信息的团伙，并在QQ上专门建立了一个聊天群用于个人信息的贩卖和交换。其中，陈某亮还以蚂蚁搬家的方式通过伪装的邮包，向台湾地区邮寄数十张成套银行卡。经多方努力，警方将22张已经邮寄至台湾地区还未派送的银行卡成功截获。

2016年10月，公安机关收网，将涉案人员全部抓获，并当场查获各类公民个人信息2亿余条、银行卡200余套。

经法院审理查明，用于违法犯罪的数据原是被告人王某辉和犯罪嫌疑人库

---

① 《7亿条个人信息遭泄露，浙江判决特大侵犯公民信息案》，《法制日报》，2017年9月13日。

某（另案处理）所提供。

王某辉于 2016 年 2 月入侵某部委医疗服务信息系统，将该系统数据库内的部分公民个人信息导出，并进行贩卖。库某于 2016 年 9 月侵入某省扶贫网站，窃取了该系统内数个高级管理员的账号和密码，并下载系统内大量公民个人信息数据进行贩卖。随后，库某将其中一个账号和密码转卖给陈某亮。陈某亮下载大量公民个人信息后，又将该数据以及账号和密码贩卖给了台湾地区等地的诈骗团伙。

经过数据比对认定，被告人王某辉、程某龙、廖某斌、杜某、王某泉、陈某亮、何某耀以搜索、交换、购买等方式获取公民个人信息，条数均达到 5 万条以上，情节特别严重；被告人陈某亮伙同他人通过欺骗等方式获得并非法持有他人的信用卡 186 张，数量巨大。

综合各犯罪情节，法院以侵犯公民个人信息罪和妨碍信用卡管理罪一审判处陈某亮有期徒刑 5 年 6 个月，并处罚金 3 万元；以侵犯公民个人信息罪判处王某辉、陈某龙、廖某斌、杜某和王某泉有期徒刑 5 年到 3 年 4 个月不等，并处罚金 40 万元到 6 万元不等；以同罪判处何某耀有期徒刑 3 年，缓刑 4 年，并处罚金 5 万元。

2017 年 5 月，《最高人民法院、最高人民检察院关于办理侵犯公民个人信息刑事案件适用法律若干问题的解释》发布，对《中华人民共和国刑法》第二百五十三条之一做出详细解释，构成我国关于个人信息侵害行为的刑事规范完整体系。

《中华人民共和国刑法》第二百五十三条之一规定："违反国家有关规定，向他人出售或者提供公民个人信息，情节严重的，处三年以下有期徒刑或者拘役，并处或者单处罚金；情节特别严重的，处三年以上七年以下有期徒刑，并处罚金。违反国家有关规定，将在履行职责或者提供服务过程中获得的公民个人信息，出售或者提供给他人的，依照前款的规定从重处罚。窃取或者以其他方法非法获取公民个人信息的，依照第一款的规定处罚。单位犯前三款罪的，对单位判处罚金，并对其直接负责的主管人员和其他直接责任人员，依照各该款的规定处罚。"

《最高人民法院、最高人民检察院关于办理侵犯公民个人信息刑事案件适用法律若干问题的解释》是在《网络安全法》的基础之上，将个人信息的内涵，从身份信息外延到活动信息以及财务信息等。它指出，"公民个人信息"是指以电子或者其他方式记录的能够单独或者与其他信息结合识别特定自然人身份或者反映特定自然人活动情况的各种信息，包括姓名、身份证件号码、通信通讯联系方式、住址、账号密码、财产状况、行踪轨迹等。

除关于个人信息的延展解释外，该司法解释还详细规定了包括个人信息罪的罪名罪状、定罪量刑标准、相关法律适用等问题，甚至涉及了诉讼中的举证责任分配问题，体现出"适用主体广""入罪门槛低""适用刑罚严厉"等特点，具有鲜明的中国特色。

该司法解释与《网络安全法》同日实施，初步搭建起了侵犯个人信息罪的法律体系，既包括侵犯公民个人信息的行为和适用法律、明确网络运营商在收集和使用个人信息的行为规范，又包括要求明确取得用户授权、不能笼统授权、明确披露信息用途、适用范围、时效等，并要求采取措施确保个人信息的安全等。

2017年年底，蚂蚁金服晒年度账单的行为显然有"顶风作案"之嫌，其实就是蚂蚁金服可能也担心晒这些用户消费行为数据会涉及一些用户隐私的问题，但他们的产品经理要了一个"小聪明"——做了一个免责条款，并再次要了一个"小聪明"——帮用户同意。一念之差，谬之千里。有律师表示，芝麻信用的这种行为在美国或中国香港会被当作侵犯消费者个人隐私信息的大案，很容易被监管机构重罚。

2017年，国家通过制定和完善这些法律制度，除了让蚂蚁金服与支付宝于2018年1月3日晚道歉更正外，还有一件事值得注意，那就是2018年1月2日，南京市中级人民法院正式立案受理江苏省消费者权益保护委员会就北京百度网讯科技有限公司涉嫌违法获取消费者个人信息及相关问题所提起的消费民事公益诉讼。

"手机百度""百度浏览器"两款手机 APP 在消费者安装前，未告知其所获取的各种权限及目的，在未取得用户同意的情况下，获取诸如"监听电话、定位、读取短彩信、读取联系人、修改系统设置"等各种权限。根据网络消息，江苏省消费者权益保护委员会认为，作为搜索及浏览器类应用，上述权限并非提供正常服务所必需，已超出合理的范围。

2017 年 7 月 4 日，江苏省消费者权益保护委员会已就手机 APP 侵犯个人信息安全问题向北京百度网讯科技有限公司发送《关于手机应用程序获取权限问题的调查函》，要求其就旗下"手机百度""百度浏览器"等两款手机 APP 存在的相关问题派员前来接受约谈。但该企业仅书面对问题做了简单说明，并将权限通知及选择等义务推卸给手机操作系统，消极应对此次调查。

在江苏省消费者权益保护委员会多次催促、公开监督下，北京百度网讯科技有限公司于 2017 年 11 月前去接受约谈。但在最终提交的整改方案中，对"手机百度""百度浏览器"中"监听电话""读取短彩信""读取联系人"等涉及消费者个人信息安全的相关权限拒不整改，也未有明确措施提示消费者 APP 所申请获取权限的目的、方式和范围并供消费者选择，从而无法有效保障消费者知情权和选择权。

为维护广大消费者的合法权益，江苏省消费者权益保护委员会根据《中华人民共和国消费者权益保护法》第三十六条、第三十七条第七款、《江苏省消费者权益保护条例》第五十一条第一款以及《最高人民法院关于审理消费民事公益诉讼案件适用法律若干问题的解释》等相关规定，向南京市中级人民法院提起诉讼，请求判决北京百度网讯科技有限公司停止其相关侵权行为。2018 年 1 月 2 日，南京市中级人民法院正式立案。

《最高人民法院关于审理利用信息网络侵害人身权益民事纠纷案件适用法律若干问题的解释》第十二条规定："网络用户或者网络服务提供者利用网络公开自然人基因信息、病历资料、健康检查资料、犯罪记录、家庭住址、私人活动等个人隐私和其他个人信息，造成他人损害，被侵权人请求其承担侵权责任的，人民法院应予支持。但下列情形除外：（一）经自然人书面同意且在约定范围内公开；（二）为促进社会公共利益且在必要范围内；（三）学校、科研机构等基于公共利益为学术研究或者统计的目的，经自然人书面同意，且公开的方式不足以识别特定自然人；（四）自然人自行在网络上公开的信息或者其他已合法公开的个人信息；（五）以合法渠道获取的个人信息；（六）法律或者行政法规另有规定。网络用户或者网络服务提供者以违反社会公共利益、社会公德的方式公开前款第四项、第五项规定的个人信息，或者公开该信息侵害权利人值得保护的重大利益，权利人请求网络用户或者网络服务提供者承担侵权责任的，人民法院应予支持。国家机关行使职权公开个人信息的，不适用本条规定。"

💬 拓展训练与测评

2018 年 4 月 20 日至 21 日，全国网络安全和信息化工作会议在北京召开。习近平总书记出席会议并发表重要讲话。

习近平总书记指出："没有网络安全就没有国家安全，就没有经济社会稳定运行，广大人民群众利益也难以得到保障。"要压实互联网企业的主体责任，决不能让互联网成为传播有害信息、造谣生事的平台。

互联网已经渗透到生产生活的方方面面。然而，数据泄露、网络诈骗、网络攻击频发，前沿技术应用带来的潜在安全风险受到关注，人工智能、物联网技术广泛应用更是不断引发担忧。

中国互联网协会研究中心秘书长吴沈括说，目前我国网络犯罪占犯罪总数的近 1/3，而且每年以近 30％的幅度上升，已成为第一大犯罪类型。

据外交部提供的统计数据显示，我国所调查的网络犯罪案件中，很多违法网站和僵尸网络控制服务器位于外国特别是网络资源发达国家，不少犯罪行为通常使用跨国互联网企业提供的邮箱、即时通讯等网络服务。

请认真阅读下面这篇报道，然后分组讨论：

1. 说明每个案例中的行为触犯了什么样的法律法规，将会受到什么处罚？

2. 如本人信息被泄露或者被滥用，你打算如何做？

广西公安机关通报打击网络犯罪 5 起典型案例①

2018 年 4 月 15 日，是党的十九大后第一个全民国家安全教育日。为进一步贯彻落实党的十九大精神，推动国家安全宣传教育工作深入开展，广西公安机关网安部门认真组织开展网络安全相关宣传活动，通过网络宣传、主题宣讲、媒体宣介等形式，将网络安全法治知识带到群众身边，旨在增强广大群众的网络安全意识和网络防骗技能，并呼吁大家积极举报网络违法犯罪行为，警民联手共同维护和谐稳定的网上环境。

随着互联网的快速发展，网络成为犯罪分子实施危害国家安全、传播病毒、散布谣言、泄露公民个人信息、盗用他人银行账号、实施网络诈骗、淫秽色情、贩毒等犯罪的新平台、新工具。党的十八大以来，针对人民群众反映强烈的网上窃取、贩卖公民个人身份信息、网络诈骗、利用网络组织考试作弊、网络黄赌毒及涉枪等网络犯罪，广西公安机关网安部门以凌厉攻势持续开展了一系列专项打击整治行动，侦办网络违法犯罪案件 4631 起，抓获违法犯罪嫌疑人 7543 人，各级网安部门还主动配合经侦、治安、刑侦等警种，在打击大要案方面发挥了积极作用，配侦共抓获犯罪嫌疑人 43979 人，有效遏制了网络违法犯罪的高发势头。现将近年来广西公安机关网安部门打击网络犯罪的典型案例通报如下：

| 案例一 |

南宁市公安局重拳打击非法获取公民个人信息案

2016 年 8 月，南宁市公安局网安支队经过缜密侦查，成功侦破一起非法获取计算机信息系统数据案，抓获犯罪嫌疑人欧某军、梁某、欧某胜、陆某平、马某斌等 5 人，缴获电脑、无线上网卡、银行卡一批。

---

① 记者蒋尧、通讯员蒙茜：《广西公安机关通报打击网络犯罪 5 起典型案例》，广西新闻网，http://www.gxnews.com.cn/staticpages/20180415/newgx5ad35e1b－17239093.shtml，2018 年 4 月 15 日。此处引用对原文内容有删减。

经了解，该团伙作案分工明确，从 2016 年 5 月份开始就长期聚集在一起进行银行卡盗刷犯罪行为。欧某军、梁某、欧某胜三人主要进行银行卡盗刷，陆某平主要负责非法获取公民个人信息，马某斌负责取款提现。犯罪嫌疑人多次利用 QQ 在群搜索中搜关键字，以商业合作为由，骗走对方提供的银行卡号、持卡人姓名、身份证号、银行卡密码、预留手机号码五类信息后，对银行卡进行盗刷。马某斌还供述，其在 6 月开始帮盗刷银行卡作案团伙取钱，前后一共取过大概 8 万元，从中获得 10% 的佣金。目前，欧某军等 5 人已被宾阳检察院批准逮捕。

| 案例二 |

柳州市公安局破获柳州首例微信诈骗案

2016 年 4 月 11 日 10 时许，柳州市某公司一名会计在微信聊天中被人冒充公司总经理的身份，通过转账骗走 8 万元汇款。受害人发现被骗，随后向辖区公安机关报案。该案为新型网络犯罪，数额巨大，柳州市公安局领导指示要求严打犯罪分子，最大限度挽回人民财产损失。经过两个月的侦查，办案人员诈骗窝点架设在地形复杂的山边，窝点前小路架设岗哨，团伙成员反侦查能力极强。专案组民警不辞辛苦，连续奋战，多次深入该窝点周边开展摸排。

2016 年 6 月 16 日 16 时许，专案组展开收网行动，捣毁 1 个诈骗窝点，抓获犯罪嫌疑人 2 名，当场缴获作案笔记本电脑 6 台，手机 20 部，作案上网卡 30 余张，成功破获柳州市首例通过微信聊天形式骗取现金的电信诈骗案。

| 案例三 |

桂林市公安局破获特大制售假冒"美的"商标的商品案

2013 年 6 月，桂林市公安局网安支队发现桂林市有人通过互联网购买并销售大量"美的"产品，通过摸排，发现其于桂林市叠彩区大河乡某商贸物流城有实体店，所卖全是假冒"美的"商品。

通过调查发现，卖家在广东佛山市顺德区，办案民警立即赶往佛山市。秘密调查后，基本掌握了从事生产销售假冒注册商标的商品犯罪活动的嫌疑人员徐某等人的基本情况、真实身份以及完整的组织结构关系，共排查出广东生产厂家2个，销售窝点5个，生产销售人员20余人，查出涉及桂林本地售假经销商10余家，并全部落地查证，查出不少涉及其他省份的售假经销商。

桂林市公安局决定向公安部申请发起集群战役。在公安部的统一指挥下，广东、广西、湖南等省市联合行动，统一收网。6月27日，广东顺德捣毁7个制假窝点，当场抓获徐某某等犯罪嫌疑人27名，现场查获假冒"美的"电风扇1045台，电磁炉170台，其他假冒"美的"产品85台，带有"美的"注册商标的电磁炉面板200个、底盘1790个、条形码45000个、不干胶标识16000个、纸箱783个、说明书18000本、合格证10560个、铭牌12940个、3c认证42000个、能效标识900个、制假设备、原料等物品一批。涉案价值约1500多万元。桂林市成功捣毁销售假冒"美的"家电产品的犯罪团伙7个，各县捣毁销售窝点8个，当场抓获管文某等犯罪嫌疑人14名，查获假冒"美的"牌电磁炉421台，假冒"美的"牌电风扇635台，假冒"美的"牌电热水器86台，假冒"美的"牌电水壶243台，共计1385台，桂林市总涉案金额520.3万元，挽回经济损失110.76万元。

| 案例四 |

来宾市公安局破获首例侵犯公民个人信息案

2016年7月10日，中国人民银行来宾市中心支行向来宾市公安局刑侦支队报案：从公民个人征信系统发现，某机构有异常频繁查询，怀疑有人非法操作该系统，进行非法查询公民银行个人信息，要求公安机关介入调查。来宾市公安局从网安、刑侦等部门抽调人员组成专案组立案侦查。

办案民警很快就锁定犯罪嫌疑人就是某银行职员陆某安。其利用在银行工作的便利，非法对公民个人征信进行查询，后将查询到的个人征信报告通过QQ邮箱，转卖给合山市某信息部的宁某和陈某燕（女）从中牟利。之后，专案组又查明桂林市蒋某佳和内蒙古鄂尔多斯市达拉特旗杨某隆是泄露的公民个人信息的二道、三道买方。8 月 10 日，专案组在来宾合山市将犯罪嫌疑人陆某安、陈某燕、宁某 3 人抓获，在桂林市将犯罪嫌疑人蒋某佳抓获。2016 年 8 月 25 日，专案组又北上内蒙古，经多方努力，最后在鄂尔多斯市达拉特旗将犯罪嫌疑人杨某隆抓获。经审讯，陆某安等 5 名犯罪嫌疑人对买卖公民个人信息的不法事实供认不讳。据统计，从 2015 年 12 月 20 日至 2016 年 2 月 3 日短短 40 多天时间里，陆某安共查询并出售 9363 份个人信用报告，获利 93630元、陈某燕获利 27 万余元、蒋某佳获利 18 万余元、杨某隆获利 9 万余元。

| 案例五 |

贵港市公安局侦破"顺利"木马案

2015 年 4 月 28 日，贵港市公安局网安警在贵港市港北区某小区抓获实施 QQ 诈骗的张某宾等 7 名嫌疑人，并发现其使用"顺利"木马及"顺利"木马的后台网址。5 月 4 日，公安机关又在另一小区抓获罗某等 3 名嫌疑人。经审讯，罗某等人供认其从以 6000 元的价格从"杰哥"购买"顺利"木马的源代码，然后架设后台，并以每个账号 1000 元的价格卖给实施诈骗的嫌疑人。5 月 15 日，贵港市公安局网安支队在广东警方的协助下，在广东省梅州市五华县抓获了"杰哥"（陈某辉，广东梅州人）。为了进一步扩大战果，根据自治区公安厅网安总队和贵港市公安局党委指示，申请部督案件，并成立专案组对使用"顺利"木马实施的嫌疑人实施抓捕。随后，网安支队先后在崇左市、玉林市、防城港市、来宾市抓获实施诈骗的 7 个团伙共 28 名嫌疑人。